大科学家讲科学

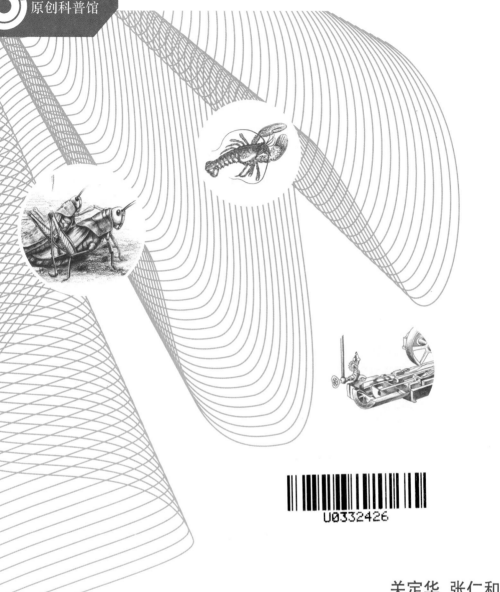

U0332426

关定华 张仁和 著

奇妙的声音世界

—— 著名科学家谈声学

CNS 湖南少年儿童出版社
HUNAN JUVENILE & CHILDREN'S PUBLISHING HOUSE

图书在版编目（CIP）数据

奇妙的声音世界：著名科学家谈声学 / 关定华，张仁和著. —长沙：湖南少年儿
童出版社，2017.8
（大科学家讲科学）
ISBN 978-7-5562-3336-6

Ⅰ.①奇… Ⅱ.①关… ②张… Ⅲ.①声学－少儿读物 Ⅳ.①O42-49

中国版本图书馆CIP数据核字(2017)第134286号

大科学家讲科学·奇妙的声音世界

DAKEXUEJIA JIANG KEXUE · QIMIAO DE SHENGYIN SHIJIE

特约策划：罗紫初　方　卿

策划编辑：阙永忠　周　霞

责任编辑：阙永忠　刘艳彬

版权统筹：万　伦

封面设计：风格八号

版式排版：百愚文化　张　怡　王胜男

质量总监：阳　梅

出 版 人：胡　坚

出版发行：湖南少年儿童出版社

地　　址：湖南省长沙市晚报大道89号　　　**邮　　编**：410016

电　　话：0731-82196340 82196334（销售部）
　　　　　　0731-82196313（总编室）

传　　真：0731-82199308（销售部）
　　　　　　0731-82196330（综合管理部）

经　　销：新华书店

常年法律顾问：北京市长安律师事务所长沙分所　张晓军律师

印　　刷：长沙湘诚印刷有限公司

开　　本：710 mm×1000 mm　1/16

印　　张：11

版　　次：2017年8月第1版

印　　次：2017年8月第1次印刷

定　　价：29.80元

目录

一、什么是声

说起声，大家都觉得非常熟悉。每天听的广播、人讲话、鸡鸣犬吠、汽车轰鸣，不都是声音吗？但有没有想过，声音的物理本质是什么？我们听到的这些多种多样的声音，它们共同的地方在哪里？答案是清楚的，就是它们都是声波，都是弹性波或叫机械波。声波是怎么回事呢？让我们先从水面上的波浪谈起吧。

（一）从水面上的波浪说起

　　水波大概是人们最常见的波了。我们把石子投入水中，就可以看到在石子入水处的周围产生一圈圈高低相间的圆圈，逐渐扩展，离入水处愈远圆圈就愈大，整个水面呈现波纹形状，凸出的地方叫波峰，凹下的地方叫波谷。如果在水面上放一块小小的木片，观察它的运动，就可以看出，波动水面上的每一个质点，实际上都在围绕自己原来所在的位置在垂直面内做上下运动，并不向外漂浮，而波却向四周传播开来，如图1。风吹过

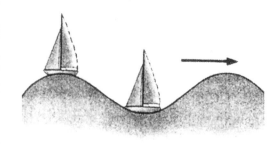

　　■ 图1　波浪上的物体

麦田时，麦子也会起伏摆动，形成波浪的形状，人们管它叫麦浪。我们都知道，虽然麦浪不断向前运动，但是麦子是不会向前运动的，它们只是摆来摆去，把振动传给邻近的麦子。实际上所有波的运动都有类似的情况，介质只是不断地在原来的位置周围变化，并把能量传给相邻的介质，但变化和能量愈传愈远。

（二）弹性波

空气和其他气体、液体、固体一样都具有弹性，也就是具有施加压力时会收缩、施加张力时会膨胀、压力和张力去掉以后会恢复原状的性质。人们在生活中都会感觉到空气、橡皮等是有弹性的，如你用力压一个皮球，它就会变扁，你一放手它又变成圆的了。经过科学测量可以知道，各种气体、液体、固体都有一定的弹性，并且这些物体都有质量，也都有惯性。如果对物体施加一定的外力使物体运动，那么，当外力停止以后，物体还会继续运动，这就是惯性的作用。在弹性介质中，不管是在气体、液体还是固体中，如果有一个球突然膨胀，它就会推动周围的介质，使之向外运动。但介质是有惯性的，受推之后不会立即向外运动，于是靠近球的一层介质就被压缩成密层。这层介质由于有弹性，会再膨胀起来，使相邻的外层介质压缩，相邻的外层介质又会膨胀，使更外一层的介质压缩……这样，在介质中就会出现弹性波，密层和疏层相间，一层一层地传向远方，这就是声波。声音在空气中的传播速度是 330 米 / 秒，在水中的传播速度是 1500 米 / 秒，在钢块中的传播速度是 5000 米 / 秒。

物体每秒振动的次数叫频率，单位是赫兹，简称赫，这是为纪念证明电磁波存在的德国科学家赫兹而定的。古人说"耳听之而成声"，这说得不全。人耳可以听到的最低频率是 20 赫，20 赫以下的声波人耳是听不到的，人们把它叫作次声波。20 千赫（2 万赫）以上的声波人耳也听不到，人们把它叫作超声波。目前我们知道的最低的次声频率为 0.0001 赫，最高的超声频率为 10^{13} 赫，接近晶格振动的频率。所以我们都说知道声，许多人知道的只不过是人耳能听到的 20 赫到 20000 赫在空气中传播的声波，从频率上没有包括 0.0001 赫到 20 赫和 20000 赫到 10^{13} 赫的声波，而且只包括在空气中传播的声波，没有包括在其他气体、液体和固体中传播的声波。我们在本书后面就会看到，在某种意义上这些听不见的声波比在空气中人能听得见的声波还要重要。

声波还有一个重要的参数，那就是波长。水面波浪的两个波峰或两个波谷之间的距离就是波浪的波长。而在声波中，两个相邻密层或疏层之间的距离就是声波的波长。（见图2）波长与声速成正比，与频率成反比。

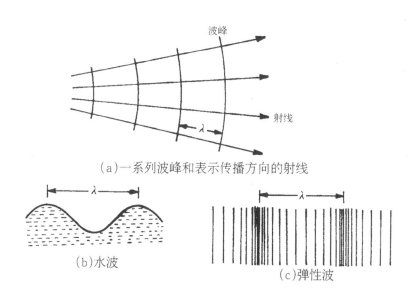

（a）一系列波峰和表示传播方向的射线

（b）水波

（c）弹性波

图2　弹性波和水波

（三）声强和声压

　　声波的强弱是由它所携带的能量大小决定的。在与波传播方向垂直的面上，画一个1厘米大的小框框，每一秒钟通过小框框的能量就是声波的声强。声波在传播的时候，介质中的压力有扰动，有变化，这个交变的压力就是声压。声压的单位是帕斯卡，简称帕，也就是一个大气压的十万分之一。实际上我们遇到的声波的交变压力，在绝大多数情况下，和一个大气压相比要小得多。

我们周围的声音是怎样产生的

在日常生活中，我们看惯了许多现象。比如说敲钟，钟会响；敲锣，锣会响；吹笛子，笛子也会响；风吹树叶，哗啦啦响；风吹电线，也会呜呜地响。这些现象都有一个共同点，就是物体的振动。不管是什么原因，只要物体振动，就会发出声音。固体振动会发声。钟、锣被敲击之后发生振动，振动推动周围的空气，产生声波。人吹笛子或管乐器，使空气柱振动，推动周围的空气，产生声波。在气体或液体高速运动时，流体内部是混乱的，不单向一个方向流动，也有向各方向的混乱运动，这叫湍流。湍流也会发声。巨大的喷气式飞机、火箭发出的声音，就是由强大的湍流产生的。（图3）风扇的螺旋桨发出声音，是因

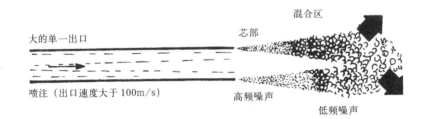

大的单一出口
混合区
芯部

喷注（出口速度大于100m/s）
高频噪声
低频噪声

■ 图3 喷注噪声

为叶片周期性地推挤空气或水，发出周期性的脉动声音。流水叮咚响，是因为水流过石头，产生气泡，气泡在水中振动发出声音。电视机、收音机里的喇叭之所以发声，是因为喇叭有一个音圈，电流通过在磁场中的音圈时，音圈推动纸盆振动，纸盆推动空气发声。变压器之所以嗡嗡地响，是因为变压器的线包里通过的交变电流产生的交变磁场使变压器铁芯发生振动，进而推动空气发声。这种由于磁场变化使某些金属发生伸缩振动的现象叫作磁致伸缩现象。总之，使物体振动的原因可能是多种多样的，但是只要物体振动，不管是固体、液体还是气体，振动就会发声，只不过有些声的频率在人们的听觉范围内，我们听得见，有些声的频率在人们的听觉范围之外，我们听不见罢了。

（四）振动

既然声是由振动产生的，我们就要先弄清振动是怎样发生的。一般来说，常见的振动有自由振动、强迫振动和自持振动。

一个摆，用手推一下，它就会离开垂直的平衡位置，来回地摆动，摆动的幅度愈来愈小，最

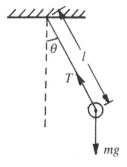

■ 图 4　摆的振动

后又回到平衡位置。(如图4)一根弹簧下面挂一个重锤，用手向下拉一下重锤，放开手，重锤就会上下振动。(如图5)

这种振动系统的特点是受到力后它们往复一次的时间是固定的。反过来说，每个单位时间振动的次数，也就是频率，是固定的。另一个特点，就是它们振动的幅度，总是愈来愈小。这种振动叫作自由振动。自由振动的频率是系统的固有频率。

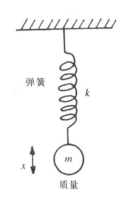

弹簧

k

x

m

质量

■ 图5 重锤的振动

上面说的自由振动是最简单的振动系统，我们平时遇到的振动系统要复杂得多。比如一根弦，拨一下它就会振动，但它的固有频率不止一个，而是很多个。(图6)最低的固有频率叫基频，较高的叫二次泛音、三次泛音、四次泛音……管乐器是靠空气柱振动发声的，它们也同样有基频、二次泛音、三次泛音……这些泛音和基频之

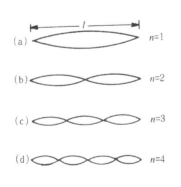

l

(a) $n=1$

(b) $n=2$

(c) $n=3$

(d) $n=4$

■ 图6 张紧弦的振动方式

表1　闭管中空气振动的模式

振动速度模式 A——波腹 N——波节	基频	第一泛音	第二泛音	第三泛音
波长 λ	4l	$\dfrac{4l}{3}$	$\dfrac{4l}{5}$	$\dfrac{4l}{7}$
频率 f	n	3n	5n	7n

间都是整倍数关系，见表1。如果是板，就像锣，振动起来更为复杂。

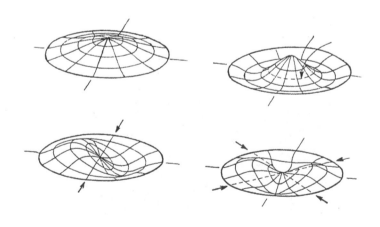

■ 图7　圆板的振动

敲一下圆板，它的振动方式有好多种，也相应有好多种固有频率，这些频率之间并不是整倍数关系。图7是圆板的振动情况。

　　要使振动持续不断，就要周期性地不断加上推动力。在周期作用力的作用下，物体就按推动力的频率振动，这叫强迫振动。推动力可以是机械力，可以是电磁力，也可以是压电效应的力。下面要讲的压电晶体振子、磁致伸缩振子都是这样振动的。如果外加力的频率和系统的固有频率一致，振动的幅度就会很大，好像人在荡秋千一样，秋千每荡过来就跟着推一下，秋千就会愈荡愈高，这种状态叫谐振状态。如果推动力的频率与系统固有频率不一样，荡的幅度就小。各种振动系统在这方面的特性是不一样的，

■ 图8　玻璃杯产生谐振而碎

谐振状态下振动幅度很大，效率很高，有时还有破坏性，能使振动系统毁坏。比如说一个高脚玻璃杯，有它自己的固有频率，拿一个喇叭按照这个频率对它用力吹，玻璃杯的振动幅度会愈来愈大，最后就振碎了。（图8）1940年美国建成的塔科马海峡吊桥（Tacoma Narrows Bridge），由于风吹，产生自持振动，自持振动的频率正好和桥的固有频率一致，振动幅度就愈来愈大，最终这座大桥在建成4个月后振塌了，这就是谐振的作用。

　　发声系统的大部分工作在谐振状态，目的是取得高效率。有的系统要求不同，比如扬声器，人们要求它对各个频率的发声能力一样，就不希望它谐振，从而把振动系统做得频率很宽，使固有频率在使用范围以外。这当然也不是件简单的事。

　　还有一种办法可产生持续的振动，就是不加周期性的力，而是加一个单方向的力，振动系统可以自动地把单方向的力转化为振动所需的力。比如说用弓拉弦，弓是朝一个方向借助摩擦力拉弦，拉到一定程度，摩擦力维持不住了，弦和弓就会脱离。这样弦在被拉的地方就会发生锯齿性振动，这种振动叫自持振动。管风琴的发声也是自持振动，固定的气流从风琴口出来，产生旋涡，旋涡引起空气柱的振动，空气柱谐振时控制旋涡的脱落。（图9）风吹电

■ 图9 交互发生的旋涡

线时，在电线两边不断有小旋涡脱落，由于力量不平衡，电线在与风吹方向垂直的方向来回振动，电线就变成了一根弦，发出呜呜的声音。大家如果有兴趣，在流水中垂直插下一根木棒，就可以看到水中有旋涡一左一右地脱落，手上也会感到一左一右的推力。

（五）运动物体发出的声音

声音在空气中传播的速度是330米/秒。普通的火车如果时速是100千米/时，那就接近30米/秒，是声速的1/10。超音速飞机的速度可以达到声速的几倍，子弹就更快了。这些运动的物体发出的声音有什么不同呢？我们在火车站如果遇到一列火车迎面开来，而且鸣笛，就可以听到车开过来时笛声的声调高，经过我们身边时声调会突然降低。这种现象叫多普勒现象。为什么会有多普勒现象呢？道理很简单，我们来看一下图10，如果物体不动，声音

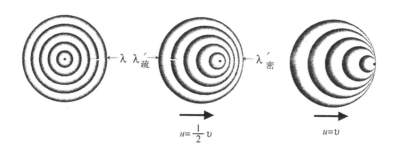

■ 图 10　运动物体的发声

向各方向传播的速度是一样的，如果向右方运动，可以看出，在某一时刻，它在原始位置发出的声音传到的位置与不动时没有区别，物体向右移动了一些，声波到这个时刻就比不移动时更接近右侧，更远离左侧。再向右一些，也有同样的现象，结果是右侧的声波波峰、波谷就更密，而

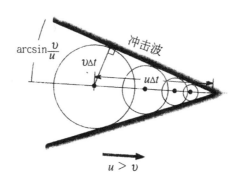

■ 图 11　冲击波

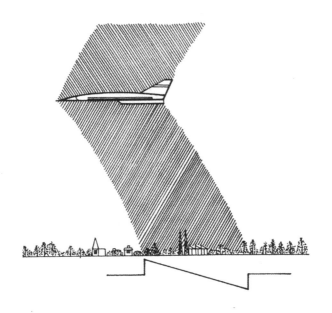

图 12　超音速飞机发出的轰声

左侧的波峰、波谷就更稀。右侧的人听起来声音就高，而左侧的人听起来声音就低。

如果物体运动的速度和声速一样，那么右侧的声音音调就会高得不得了。我们要问，如果物体运动的速度比声速快又会怎样呢？可以看一下图 11，如果声波始终不能跑出以运动体为顶点的锥体，这样的声波叫冲击波。冲击波是很强烈的波。假如有一架超音速飞机从我们头顶上飞过，飞机飞在我们头顶上时我们还听不到声音，飞机飞过一会儿我们才听见两声巨响，震耳欲聋，以后就再也听不到声音了，这种声音叫作轰声。（图 12）冲击波有很大的力量，从图 13 中可以看见当一颗子弹打到蜡烛的火焰时，冲击波把火焰都推歪了。

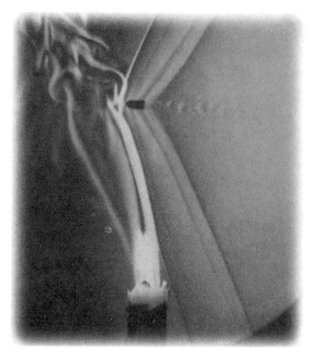

■ 图 13　子弹的冲击波

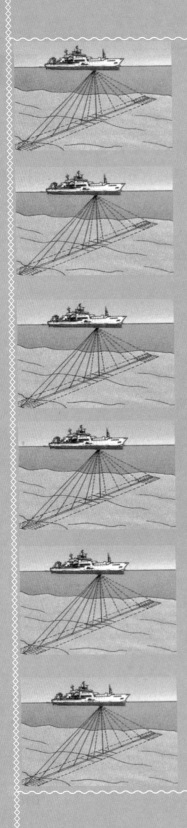

二、声是怎样传播的

（一）为什么距离愈远声音愈小

夜间在空旷的地方点一盏灯，近处很亮，愈远就愈不亮，很远的地方只能看到远处有一个小亮点，周围一片漆黑。声音也一样，在均匀介质中，如果没有障碍，声音按球面扩散，愈远球面就愈大，每单位面积的能量密度（也就是声强）就愈小，声强与传播的距离的平方成反比。（图14）

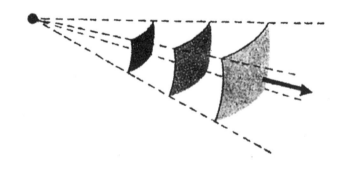

■ 图14 声波的扩展

除能量扩散以外，声音在传播过程中还有能量吸收损失，也就是一部分能量变成热能，消失掉了。声音频率愈高，吸收损失愈大。如果声音经过树枝和树叶，它也会因为吸收和散射而损失一部分能量。也就是说频率愈高，损失愈大，传播的距离愈近。这也是为什么住在森林中的原始人总是用频率很低的鼓来传递消息、召集人员。

（二）夜半钟声到客船

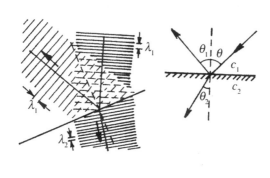

■ 图 15　波的折射

如果声波通过的介质处处一样，它就走直线。如果遇到声速不一样的介质，它就会拐弯，物理上叫折射。和光学一样，在两种声速（或光速）不同的界面上，声（或光）就会发生反射和折射，折射角和入射角的关系由斯奈尔定律决定。也就是 $\frac{sin\theta}{sin\theta_2} = \frac{c_1}{c_2}$ ，即入射角的正弦与折射角的正弦之比，等于入射介质声速和透射介质声速之比。（图 15）也就是如果从声速小的介质入射到声速大的介质时，声线就会向界面倾斜，声学和光学中都有类似现象。

在空气中，声速在垂直方向上是不断变化的，而且愈靠近地面声速愈低，那么声音在传播过程中就会不断地向

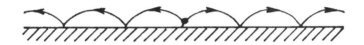

■ 图 16　声波在地面上的传播

下弯曲。斜向上方的声线，传播到一定距离之后就会变成斜向下方传播。（图 16）如果下面是平静的水面，声波就会在水面上反射，再向前传播，这样声音就可以传得很远。夜间在湖面上划过船的人，一定会有这样的经历。古诗句"夜半钟声到客船"，说的也是这种情况。

（三）怎样才能挡住声音

人们听到街上很吵，关上窗，声音就会小一点。窗愈厚，或者是双层窗，声音就愈小。所以声音通过整个密闭的障碍时，就会变小，但是阻挡的东西如果不是整整一堵墙，而是高

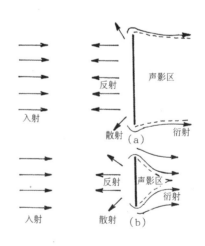

■ 图 17　不同情况下障碍物对声波的阻挡

一二米的墙，或是一块大木板，那声音能不能被挡住呢？实际结果是阻挡能力和障碍物的大小与声波的波长之比有关系。这是因为声波有波动的特性，如果障碍物的大小比波长大很多倍，波就会被反射回来，障碍物后面形成声影区，如图17(a)所示，声音就被挡住了。

如果障碍物的大小是波长的两三倍或更小，那么声波有相当大的部分会绕过障碍物，影区缩小，如图17(b)所示，声波就挡不住了。

在空气中，扬声器如果发出40赫的声波，波长约为8米，用一块1米大小的木板，就挡不住声波了。

如果墙中间有个洞，声波也会通过洞传播过去或者衍射过去。平时常说"一叶蔽目不见泰山"，这是因为光波波长非常短，用一张树叶就可以把光挡住。如果障碍物很小，光波也能衍射过去。所有的波都有这种现象。

要挡住光，就要使用不透光的材料。同样，要挡住声，也要用不透声的材料。但真正不透声的材料是没有的，俗话说"隔墙有耳"，实际上，如果声波在传播中遇到面积很大的隔墙，声波是绕不过去的，但声波可以推动墙壁振动，墙壁的振动就会传到墙壁的另一侧。经过理论计算和实验研究我们知道，墙愈重，阻挡声音的能力就愈大。同样的墙，声音的频率愈高，墙的阻挡能力就愈大。道理很

021

简单，就是声波要通过墙壁，就要先晃动墙壁，墙壁愈重就愈晃不动。

　　但是，如果墙上有洞，情况就不一样了。和有一定大小的障碍板阻挡声音的情况道理是一样的。如果孔比波长大得多，声波差不多可以直接通过去，如果孔比波长小得多，声波就通过小孔衍射过去。不管怎样，声波总是要通过洞穿过去，在墙的另一侧听到的声音，比没有洞时大得多。（图18）

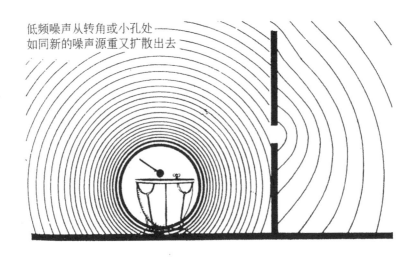

■ 图18　声波穿过墙上的洞

（四）声波不能在真空中传播

声波是一种弹性波，是在弹性介质中传播的。凡是有弹性介质存在的地方都会有声波。在地球上的任何地方，从空中到水下到陆地上或地层中都能传播声波。可是在真空中就不能传播声波。地球上无论如何吵闹，在太空中都是听不到的。不像无线电波和光波可以在真空中传播，声波不能穿透真空。神话中说有千里眼和顺风耳，实际上只对了一半。从玉皇大帝居住的太空，可以凭借千里眼看到

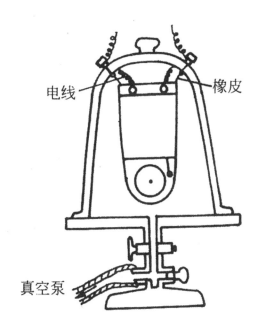

■ 图19 声波在真空中不能传播

地球表面上的一切，但任何顺风耳都听不到地球上的声音。我们可以做一个实验，把电铃放在玻璃罩里，用橡皮把电铃挂在罩子上，使它和罩子没有直接接触，如图 19 所示。当罩子里有空气时，电铃通电后，人们可以听见电铃的声音。这声音是由电铃通过罩内的空气传到罩子上，再传到罩子外面的空气中的。借助空气，人们就能听到铃声了。用真空泵把罩子里的空气抽空后，人们就听不见铃声了。可见声波在真空里是不能传播的。

　　虽然声波不能在真空中传播，但在地球上，特别是在液体和固体中，比如说在海洋中和地壳中，声波的衰减比电磁波要小得多，因此声波就能传播得更远更深，这是电磁波远远赶不上的。关于这一点，我们可以在本书后面看到。

三、声学是怎样发展起来的

（一）灿烂的中国古代声学

声学是古代最早发展起来的科学技术之一。声学是从音乐开始的。古代的人先是会唱歌，然后才会制作乐器。乐器发出的音调要一致，不然几个乐器在一起演奏，就会乱了套。后来人们又发现，高音和低音之间要有一定的关系，听起来才会协调好听，不然就非常难听，于是就出现了乐律。要把乐器做得使其发出的音达到人们的要求，就要懂得振动的道理。做出的乐器如果音不准，也要懂得振动发声的道理才能调整。比如说，在我国出土的战国时代的编钟，发出的音就很符合自然律。这些钟的截面是椭圆形的，一个钟能发两个音。（图20）和每一个音相应的振动都有节线，也就是在振动中不动的线。最有趣的是古代匠人在调整一个音

■ 图20 编钟

的时候，就锉另一个音的节线上的金属，这个地方厚度变了，音自然也跟着变，但是另一个音却不受影响。显然，古代人在制造编钟时，已摸索到了钟振动的规律。中国古代人还会利用声的共振现象。战国时代写成的《墨子》一书，就记载了抵御敌人挖地道的办法，即制造一种腹大口小的瓮，翁口

■ 图21 地听

蒙着皮革，埋在地里，城外挖地道时，土地振动传到瓮处，引起共振，人耳贴在皮革表面，就可以听见声音。当时给这个瓮起的名字叫"地听"或"瓮听"（图21）。在地下不同地方多放些瓮，根据各个瓮发出声音的大小，就可以判断敌人在哪个方位挖地道，这不是很聪明的办法吗？在公元前214年，当马其顿进攻意大利半岛，把城围起来，并且开挖地道时，守军也在地下坑道中装上青铜制造的壶，利用壶的共鸣，判断敌人在什么地方挖地道，并设法歼灭挖地道的敌人。

（二）三分损益法和十二平均律

大家都知道 do、re、mi、fa、so、la、si、do 是一个音程。也许有人知道，高音 do 的频率比低音 do 的频率高一倍，但更少人知道，中间这些音的频率是怎么确定的，而这就是乐律。古代的人已经发现，如果一个音和比它高一点的音之间有一定的关系，声音就和谐，不然就不协调。中国是世界上最先定出这些关系的，所用的方法称为三分损益法。所谓三分损益法就是把一根弦的长度分为 3 份，另两根弦的长度在原来弦的长度上分别加上 1/3 或减去 1/3。新的弦奏出的音比原来的音低一个音或高一个音，这三个音就协调。这个方法比西方毕达哥拉斯提出的类似方法还要早。

在明朝万历年间有一个王子叫朱载堉，他在世界上首创了十二平均律的理论。他认为在八度间的十二个音（包括半音）的关系是每升一个音，弦长差 $\sqrt[12]{2}$ 倍。在欧洲，一直到 18 世纪德国作曲家巴赫创作了《平均律钢琴曲集》，十二平均律在理论和实践方面才被人们普遍接受。西方的十二平均律很可能是传教士由中国传过去的。李约瑟博士在他的《中国科学技术史》一书中说："第一个使平均律在数学上公式化的荣誉确实应当归于中国。"

（三）从伽利略到瑞利——声学成为近代科学

■ 图22 瑞利的图像

因当时没有振动和波的理论，古代的声学知识多数靠经验，也有些是天才的猜想。比如说，三分损益法是由弦和管的长度定的，其频率是多少，并不知道，甚至当时连频率的概念都没有。声波的传播速度也没有人测量过。声学作为一门科学是从17世纪开始，和力学、电磁学等物理科学一起发展起来的。几乎当时所有杰出的物理学家和数学家，如伽利略、牛顿、欧拉、达朗伯和拉普拉斯等，对研究物体振动和声的原理都做出过贡献。这些人是科学界的巨人，在物理、数学等各个方面都有划时代的贡献。但是还是要说明，这一切都是从伽利略开始的，意大利科学家伽利略（1564—1642）可以称为"近代科学之父"。他在比萨斜塔上通过一系列实验，证实古希腊大学者亚里士多德的论断——"重物体比轻物体下落的速度要快"是错误的；他制成了第一架天文望远镜，获得了许多天文学的重大发现，进一步证明了哥白尼的日心学说。有一天晚上，伽利略看见挂在教堂上的灯在摆动，即使没有风吹，灯仍在有规律地摆动。他按着自己的脉搏测量摆动的时间，发现不论摆动幅度大小如何，灯来回摆动所需的时间是一样的。这盏灯在教堂里不知摆动了多少年，伽利略独具慧眼地发现了这个秘密。他回到家里又做了许多实验，从而发现了摆动的等时性规律。这是近代振动和声音的科学的开端。此后，17世纪法国数学家伽桑狄利用远地枪声和闪光时差测定了声音在空气中传播的速度；法国数学家达朗伯于1747年首次推导出弦的波动方程，并预言可用于声波。经过一百多年间许多科学家的努力，1877年英国物理学家瑞利总结前人的成果，集经典声学之大成，出版了《声学理论》一书，这时声学已成为一门完整的近代科学。

（四）现代声学的发展——声学领域的爆炸

19世纪人类学会了用电，后来又有了无线电。在这个基础上，1876年贝尔发明了电话，1877年爱迪生发明了留声机，从而使声音跨越了距离和时间。20世纪初可用于各种频率的放大器的出现，结合以前发现的压电换能器，出现了超声。超声的出现，还要从"冰海沉船"说起。1912年4月10日，当时世界上最大的泰坦尼克号豪华邮轮触冰山沉没，引起了科学界的注意。能不能探测到水下的冰山呢？在第一次世界大战中，德国大量使用潜艇，击沉了协约国大量的舰船。探测潜艇的任务又摆到科学家的面前。大科学家郎之万和他的朋友利用当时已出现的功率很大的放大器和石英压电晶体结合起来，就能向水下发射几十千赫的声波——超声波。这样一来，声学的领域就大大扩展了，不论是大气、海洋、地壳，还是固体、气体、液体，声波都能穿透，真可以说是"上穷碧落下黄泉"，地球上没有声不能穿透的地方。此后又发现了许多声的效应和应用。声学就变成了一个有许多触角的怪物，与其他学科结合，形成了许多交叉学科。如为研究人的听觉发展了生理声学与心理声学；为研究室内音质发展了建筑声学和电声学；为大气物理探测发展了大气声学；为水下战争和海洋开发，发展了水声学；为了解生物的声行为发展了生物声学；由于频率的扩展，发展了超声学和次声学；为了语言通信广播发展了语言声学；由于工业和交通发展，噪声污染严重，发展了噪声控制和环境声学；……这样就形成了现代声学体系。可以说，几乎没有一个领域和声学没有关系。

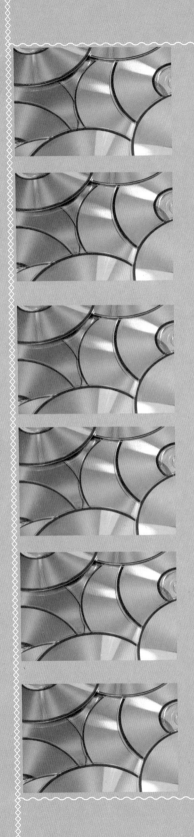

四、吵死人了

（一）噪声是从哪里来的

人们喜欢安静。在安静的环境中，人们可以安心地睡眠、工作、欣赏优美动听的音乐。人们也爱到山林中，享受"鸟鸣山更幽"的境界。可是现代社会实在太吵

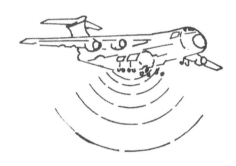

■ 图23　飞机产生的噪音

了，噪声常常使人心烦意乱，不能安心工作，有时觉也睡不好。噪声是从什么地方来的呢？一是交通噪声。地面上行驶的汽车愈来愈多，机器声、鸣笛声吵个不停。天上飞的飞机载客量愈来愈大，速度愈来愈快，噪声也愈来愈响。（图23）超音速飞机飞过时还会在地面上产生巨大的轰声。二是工业噪声。各种工厂机器轰鸣，敲击声、放气声乱响，不但影响工厂内上班的工人，也影响到附近居民的生活。建筑施工和道路施工的搅拌声和气锤的撞击声往往使附近的居民无法安宁。（图24）此外建筑物内的机器（如通风机、水泵、空调机等）也会产生不少噪声，再加上部分居民不

■ 图 24　筑路产生的噪声

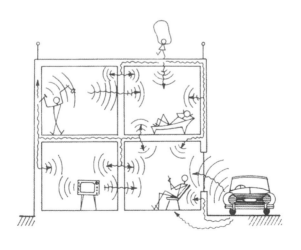

■ 图 25　吵死人了

顾社会公德，把收音机、电视机、卡拉 OK 开得很响，高声谈唱，使周围居民无法工作和休息，真是吵死人了！（图25）噪声成为现代社会主要污染之一。

（二）噪声有多大

　　我们都很讨厌噪声，但是每个人对噪声的感觉不一样。你说很吵，他说不太吵，这就需要有一个客观标准，也就是量度的尺寸，而这就是噪声的声压级。用声压级的分贝数表示，说噪声是多少分贝。在许多城市的十字路口，大家也许会看到用数字显示噪声是多少分贝的噪声测量表，它告诉人们当时十字路口噪声的大小。什么叫分贝呢？这是一种算法，声强的变化很大，由最弱的能听见的声音强度到最强的人受不了的声音强度的差可以达到 10^{14} 倍。这样大的数字写起来和算起来都非常不方便，所以人们通常使用对数尺度，如果两个声音的强度分别是 I_1、I_2，那么 I_1 比 I_2 大的分贝数就是 $10 \times \lg \dfrac{I_1}{I_2}$。如果 I_1 是 I_2 的 10 000 倍，那么按这样算，声强差就是 $10 \times \lg 10000 = 40$ 分贝，这样写起来就方便多了。为了方便起见，在空气中我们取 20 微帕（μPa），也就是一个大气压的万分之二的平面波的声压作为参考级，即为零分贝。噪声的分贝数就是声压除以 20 微帕，取对数，再乘 20。不同环境下的分贝数见表 2。

表 2　普通声音的分贝标度

声音	分贝	主观感觉
导弹、火箭发射	150	无法忍受
喷气式飞机起飞	140	
螺旋桨飞机起飞	130	痛阈
球磨机工作	120	
电锯工作	110	很吵
嘈杂的马路	90	
大声说话	70	较吵
谈话	60	较静
安静的办公室	40	安静
睡眠的理想环境	30	
轻声细语	20	极静
风吹落叶沙沙声	10	
零响度	0	听阈

　　噪声的性质不同，频率特性也不同。有的噪声很尖，很刺耳；有的噪声则低频成分大，嗡嗡地响。人的耳朵对不同频率的声音反应也不同。人耳对低频反应比较不灵敏，而对 1000 赫左右和更高一些（3000 赫～ 4000 赫）的声音反应最灵敏。前面说的声压级对各种频率是一视同仁的，所以不能反映人的感受。因此在现代的测量中，在

声级计前面加一个滤波器，叫计权网络。使用最多的是 A
计权。在 A 计权网络中，对 1000 赫以下的频率衰减逐步
加大，而高频部分也就是听觉最灵敏的部分衰减很小，
3000 赫～4000 赫以上的频率衰减也逐步增加。这样测出
的分贝数和人的感受比较接近，称为 A 声级，分贝数称为
dB。这个符号我们在生活中常常会遇到。图 26 是消声室
中噪声的测量。

图 26　消声室中噪声的测量

（三）噪声对人的影响

　　吵闹的噪声使人烦恼、精神不易集中，影响工作效率，
妨碍休息和睡眠等。对睡觉的人来说，噪声在 40 dB 时，

大约10%的人受到影响，在70 dB时就有50%的人受到影响。强噪声还容易掩盖交谈和危险警报信号，分散人们的注意力，进而发生工伤事故。

在强噪声环境中停留一段时间，离开这个环境后再听一些小的声音就会听不见，就好像强光耀眼之后，一下子什么东西也看不见一样，这叫作听觉疲劳，经过休息可以恢复。如果长期在强噪声环境下工作，耳朵听力就不能复原，这叫噪声性耳聋。如果人们突然暴露在高强度噪声（140 dB ～ 160 dB）下，就会使鼓膜破裂流血，导致双耳完全失听。在强噪声影响下的工人除耳聋外，还有头昏、头痛、神经衰弱、消化不良等症状，往往导致高血压和心血管病。更强的噪声使人头晕目眩、恶心、呕吐，还会引起视觉模糊，使呼吸、脉搏、血压、肠胃蠕动等发生波动，全身微血管收缩，供血减少，讲话能力也受影响。

特强噪声还会引起头部悸动、头痛。最强的噪声，如超音速飞机的轰声、爆破声等会使建筑物玻璃震碎、抹灰开裂、屋瓦损坏等。特高强度（160 dB 以上）的噪声还会使金属发生疲劳而损坏。

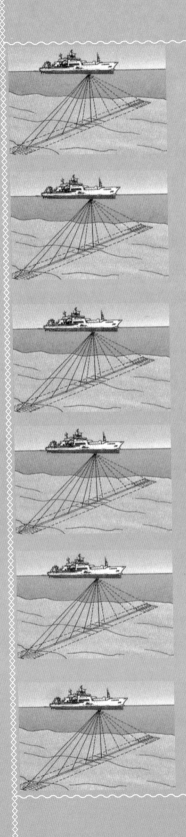

五、怎样使噪声小一点

（一）用法律的手段限制噪声

噪声对社会影响这么大，要解决这个问题，首先要用法律的手段，规定在各种环境下允许噪声所能达到的最高强度，这个叫作噪声标准。如果噪声超过这个标准，就要限期治理，否则就要罚款，工厂要停业，车辆要停止行驶。

噪声标准规定：在工厂，每天工作 8 小时或每周工作 40 小时，噪声的 A 声级不应超过 90 dB，声级每提高 3 dB，暴露时间应减半。连续噪声最大不能超过 A 声级 115 dB。噪声容许标准基本值为 35 dB ～ 45 dB，乡村住宅区，晚上要降低 5 dB，深夜要降低 10 dB；郊区住宅区，小马路上可提高 5 dB；城区住宅可提高至 10 dB；附近有工厂或在主要大街上，可提高至 15 dB；城市中心可提高至 20 dB；工业区可提高至 25 dB。

非住宅区的室内噪声标准是：办公室、商店、小餐厅和会议室为 35 dB，大餐厅、带打字机的秘书办公室和体育馆为 45 dB，大型打字机室为 55 dB，各种车间为 40 dB ～ 75 dB。

如果噪声控制的技术措施不能满足要求，而人们又必须长时间处于噪声为 90 dB ～ 100 dB 以上的环境中，或短时间处于噪声超过 115 dB 的环境中时，就应该用护耳器保护听力。

另外许多国家和地区还规定了汽车、各种机器、家用电器（如冰箱、电扇、空调机和洗衣机）的噪声标准。比如说，北京市规定在 7.5 米远处测量，载重量为 3.5 吨～5 吨的中型卡车，加速噪声不得超过 87 dB，匀速噪声不得超过 83 dB；轿车的加速噪声不得超过 83 dB，匀速噪声不得超过 73 dB；摩托车的加速噪声不得超过 81 dB。凡检查不合格的车辆，不允许行驶。

（二）让机器不那么吵

规定了噪声标准，那么，怎样才能达到这个标准呢？一是降低噪声源的噪声，二是使噪声传到人耳时其强度大大降低。现在先介绍第一种办法。

要降低噪声源的噪声，就是要降低机器的噪声。影响机器噪声的因素有机器的功率、转速、动平衡、撞击、结构共振、齿轮和轴承的公差等。设计和制造不好的机器总是噪声很大，机器设计制造好了，不但噪声小，而且耐用，同时可以节省能源，这是一举两得的事。为了降低噪声，有些机器零件可以用噪声小的材料制造或者在金属板上加上一层使噪声不容易传播出去的阻尼材料。（图 27）现代

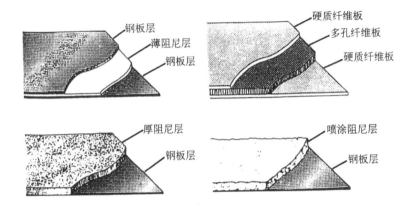

钢板层
薄阻尼层
钢板层

硬质纤维板
多孔纤维板
硬质纤维板

厚阻尼层
钢板层

喷涂阻尼层
钢板层

■ 图 27　阻挡噪声的阻尼层

汽车的外壳内部往往都涂有阻尼涂料或装有阻尼夹层。汽车排气时如速度快，也会产生很大的噪声。摩托车之所以特别吵，主要是因为发动机排气。若给发动机加上消声器就可以减少噪声。高住宅楼的中央空调噪声也很大，所以一定要在管道中加上吸声材料。发电厂的放气管，也要加消声器。

（三）隔离噪声

为了使办公楼、住宅区不太吵，通常规定这些建筑距离交通繁忙的道路要有一定的距离，而且在道路和建筑物之间要设有绿化带。（如图 28）设计居民区时，往往把道

噪声线

■ 图28　建筑物旁要设绿化带

路设计成只有一个出口，使汽车不能随意穿行而过，而且要在这个路口设一个半圆形凸起的路障，使汽车放慢速度，同时在楼房之间设置绿化带。

■ 图29　公路旁设置的声屏障

目前许多公路、高架路往往离居民住宅很近，噪声超过允许标准，这时就要在道路两旁加上声屏障，以减少噪声，这也是现代城市的一种新景观。（图29）在市区规划建设时，也要注意到噪声较大的工厂应该离住宅区远一些。若在同一幢楼中，应把商店等设在第一层，而把办公场所设在高一些的楼层上。在建筑物内要采取隔声的办法，以降低噪声。

从前面的介绍中我们知道，比较厚重的墙和楼板，隔声能力要比轻的强。要使轻的隔墙或楼板具有较好的隔声能力，可以将其做成双层的。如图30所示，双层墙的中间有空腔，两层墙不连接，墙间放一些吸声材料。建筑物内的机械，如通风机、电动机、水泵等，要加上隔振系统，如橡皮垫、弹簧垫等，使振动不致直接通过建筑结构传到各房间。（图31）如果有可能，楼板最好也做成双层的，中间垫上橡皮，使上一层住户的脚步声和搬动桌椅的

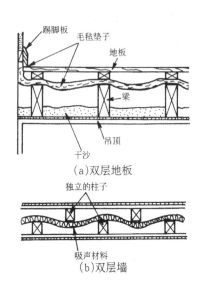

（a）双层地板

（b）双层墙

■ 图30　具有隔声能力的双层结构

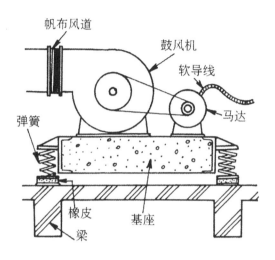

■ 图 31　机器隔振措施

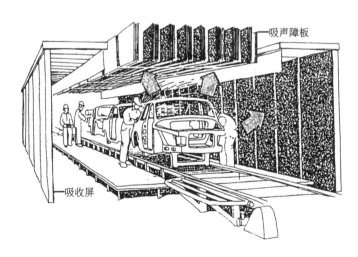

■ 图 32　车间内加上吸声结构

047

声音不影响到下一层的住户，若铺上地毯也行。在工厂里，如果某些机器的噪声特别大，可以设计一个隔声罩，把机器罩在里面，这样车间内的噪声就可以大大降低。噪声特别大的车间也可以在屋顶悬挂吸声体，以降低噪声。（图32）

（四）用声消声

很早就有人想过，既然声音是波动的，能不能另外发出一个声音，和它大小相等，相位相反，把它抵消掉呢？后来发现，要实现这个设想有不少困难。首先要知道想抵消的声音的波形，还要能产生和它波形形状相同而相位相反的波，这就不是一件容易的事了，而且噪声往往是从各个方面来的，对付了一种噪声，还有另一种。计算机和高速信号处理芯片出现后，这些困难才逐步得到解决。通常的方法叫自适应抵消，也就是用一个接收器接收环境的噪声，把信号送入计算机，使计算机产生一个抵消的信号，通过扬声器把该抵消信号发出去，再观察抵消的结果，根据这一结果再去调节计算机产生的信号，直到噪声最小。现在的技术，用以消除管道中的噪声效果比较好，装备护耳器，既能抵消噪声而又不影响听别人说话，也取得了一定的效果。总之，要真正实现用声消声，还要靠大家努力。

从一个想法，到实际上的广泛应用，往往要经过许多人的
努力！

六、创造优美的声学环境

（一）空谷回声

　　世界上著名的乐队在演出的时候都要选择"音质好"的音乐厅，这样才能展示出他们的艺术风格。这是为什么？什么样的厅堂音质才好呢？让我们来考察一下声音在厅堂里传播的情况，在这之前我们先了解一下山谷回声的情况。在山谷中，如果你大叫一声"啊"，就会听到许多个"啊""啊""啊"的声音，而且声音不断变小。大家都知道，这是山谷的回声。声音经多次反射，其强度愈来愈小。在房子里情况又会怎么样呢？房子有房顶、地板、四壁，声音也会不断地发生反射，可为什么听不到"啊""啊""啊"的声音呢？有一位叫哈斯的科学家研究了这个现象，原来人的耳朵在连续听到两个或几个声音时，如果两个声音的时间差很短，比如说25毫秒，人听起来两个声音就变成了一个声音，如果两个声音的时间间隔大，听起来就是两个声音。就像看动画片一样，若一个画面和另一个画面之间的时间间隔很短，看起来就是连续的，如果两个画面之间的时间间隔很长，看起来就是断断续续的。声音在空气里每秒钟传播330米，在25毫秒的时间内，声音传播13米多。在房间里的人先听到由讲话人直接传来的声音，然后听到从侧壁反射回来的声音，再听到天花板、地板反射过来的声音，最后听到后壁的反射声，直接传来的声音和反射声之间的时间间隔都比较短，故听起来像是一个声音，而且这样使人觉得声音更丰满一些。这些反射声音量一个比一个小，逐渐消失。当人在房间中讲话时，如果这些小回声消失得太慢，当下一个字的声音出来时，第一个字的声音还在响，那这两个字的声音就重叠起来，互相干扰，人就听不清了。如果这些反射回来的声音消失得太快，人听声虽然很清楚，可是感觉声音有些"发干"，不丰满、不好听，就像人在旷野中说话一样。再有就是如果这些反射声中有一个或两个反射声太强，时间间隔又大，人的耳朵能够分辨出来，听起来就很不舒服。在听音乐时人的感觉就不一样，因为音乐的声音变化比讲话慢，所以这些小回声消失得慢一些，也不会使人听不清楚，反而使声音更丰满、更好听。所以，说透了，就是房间或厅堂里的这些小回声，要合乎要求，这些要求有的是已经弄清楚的，有的还没有完全弄清楚，有的问题不同音乐家也有不同意见，仁者见仁，智者见智，没有统一的说法。

（二）怎样使厅堂音质更好

我们前面说了，在厅堂里说话出现的小回声持续时间既不要太长，又不要太短，这样才能听到一个美妙的声音。但是怎么才算长，怎么才算短呢？科学家给这些小回声起了一个名字：混响。如果在厅堂里有一个声音在响，这个声音停止了，还可以继续收到声音，一直到声音比原来小60分贝的那段时间，就叫混响时间。有标准了，人们就可以凭经验知道，演奏古典音乐的厅堂，混响时间是多少最好；演奏现代音乐，混响时间要多少最好；做报告，混响时间要多少才好。如果混响时间太长，就要在屋顶、墙壁和地上加吸声材料，使每一次反射时损失的能量多一些，混响时间就短了。所以厅堂内要"余音袅袅，不绝如缕"。

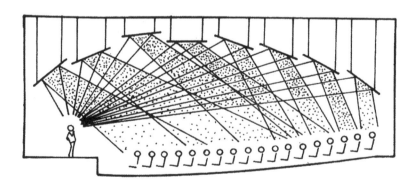

■ 图 33　增加全场声音清晰度的顶棚和地板设计

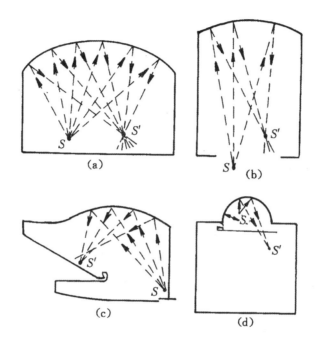

■ 图34　对音质不利的焦点与回声

　　另外，第一个反射声也很重要，所以有的厅堂在屋顶上或舞台后加上反射罩。（图33）其次就是房间内声音要均匀，墙壁屋顶不能是圆的，不然会有聚焦现象，使有的地方特别响，有的地方听不到，同时不要有不必要的突出的回声。（图34）光这样考虑还不够，在建筑设计和声学设计时，还要进行模拟实验，一种是用计算机模拟，也就是把厅堂的立体结构输送到计算机里，然后计算机模拟发声，从舞台上乐队或演员位置向各方向发出声线，在房顶、侧壁、地板和房间的装饰物上反射，传到听众席上各个位置，最后由计算机计算出各个席位上听到的信号波形。由这些波形可以看出回声的大小、间隔程度、混响时间等等。然而最好的办法还是使用缩尺模拟，把厅堂和里面的设备都按 1/5 ～ 1/10 缩小做成模型。演奏的音乐也用计算机把频率按照比例提高，在模型的舞台上放出，在听众席上收录这些音乐，再通过计算机还原成原来的频率，由专家来听，看看是不是好的，有毛病还要修改。

厅堂设计是声学和建筑学的结合，又是科学和艺术的结合，耗资巨大，设计建造错了要改，可不是一件容易的事。为了满足多种用途，如做报告、演奏现代音乐、演奏古典音乐，厅堂内往往装有吸声性能可变的墙板或柱子。在需要混响时间长的时候，就把吸声能力小的一面翻出来，增加混响时间。在需要混响时间短的时候，就把吸声能力大的一面翻出来，减少混响时间。大的厅堂都装上扩音系统，扩音系统中可以加上控制混响时间的电路，以便按需要增加或减少混响时间。

七、奇异的声学现象

（一）回音壁和三音石

天坛圜丘后的回音壁很有名，一人贴近回音壁一端轻声讲话，站在另一端的另一个人只要把耳朵靠近壁面，就能清楚地听到讲话声。

声音为什么会沿着圆形凹面传播呢？看图35就可以知道，声音由口中发出后，某个角度以内的声波不全发散，一直沿曲面经多次反射传给听者。墙壁非常坚硬平滑，声音在壁上反射几乎没有损失，所

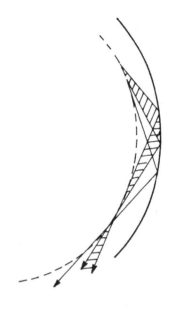

■ 图35　回音壁的反射声线

以声音很响。这声音是愈靠近墙壁就愈强，离墙壁愈远就愈弱，所以讲话者和听话者都要靠近墙壁。这实际上是一种波导现象，和次声在大气中传播及低频声在海洋声道中传播的道理是一样的。

回音壁除壁面声道效应外，还有声音会聚效应。在回音壁中心处有一块"三音石"，人站在三音石上发音之后，

声音传向墙壁，由墙壁各处反射，各声线聚焦在三音石，又传向对面的墙壁，再次反射。在安静的环境下，站在三音石上拍一下手，就能听到连续下降的七八个回声，不信可以去试一试。（图36）

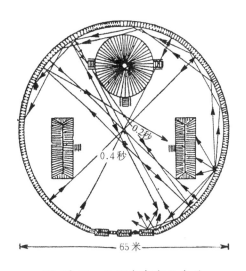

0.2秒

0.4秒

65米

■ 图36　天坛皇穹宇的声学

（二）莺莺塔之谜

山西永济市普救寺内有座塔。古代文学名著《西厢记》里生动描述的张生和崔莺莺冲破封建礼教的爱情故事就发生在这个寺庙里，所以，人们就把这座塔叫作莺莺塔。这座塔高36米多，共有13层，塔身是四方形的，全塔都由青石砌成，各层塔檐成半穹隆形。奇怪的是如果在距塔

10米处击石或拍掌，在30米以外就可以听到蛙鸣声；如果在距塔15米左右处击石或拍掌，听到的蛙声似乎是从塔底发出的。这个奇怪的现象在县志里都有记载，但始终不明白是为什么。经声学家对这座塔进行考察，发现这个蛙鸣声不过是塔檐的多次反射。我们可以看图37，在地面敲击石块，声音先传到第一层塔檐，被塔檐反射回到收听点，接着声音传到第二层塔檐，声音又被第二层塔檐反射回来，传到收听点，但时间比第一层塔檐反射回来的声音要延后一些，第三层塔檐、第四层塔檐……的回声相应地延迟，这样就形成了有一定时间间隔的一连串的回声，听起来就像是蛙声了。

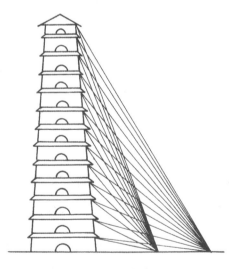

图37 莺莺塔

八、良好的电声系统

（一）爱迪生的留声机

19 世纪 以 前，极 有名 的 歌 唱 家 或 演奏家 的 演出，只能用文字记载，如"大珠小珠落玉盘"等，而不能再现演出的实况。19 世纪爱迪生发明了留声机后，艺术家们的演出便可以重现。留声机的工作过程是：用喇叭管聚集声波，使管末端的膜片振动，再把振动传递给坚硬的唱

图 38　爱迪生的留声机

针。在铁盘上放上表面抛光的蜡盘，并以恒定速度旋转。使唱针沿直径由盘外缘向内缓缓移动，唱针在蜡盘上刻下螺旋纹，螺旋纹上叠加有很小的波纹，这些波纹反映了唱针的振动。在刻好纹路的蜡盘上覆上一层薄薄的石墨，再镀上铜，把形成的镀层揭下来，它的纹路正好和蜡盘的相反，可以作为唱片的负片。这个负片不结实，要翻制两次，做出跟负片纹路一样的模子，就可以用来印制唱片了。放

音时把唱片放在转速与录音时相同的转盘上旋转，唱头上装有唱针，轻压在唱片上，顺纹路由外向里运动，唱针的振动带动唱头内的膜振动发声，最后用声管、共鸣箱把声音放大，这样，就可以听到所录制的著名歌唱家或演奏家的作品了。这种留声机（见图 38）一直用了许多年，在当时还是唯一的录音设备。不过用留声机来放音，音质不够好，现在已经没人使用这种留声机了。

（二）磁带录音机

发明留声机之后，稍晚一些时候又出现了磁带录音机。（图 39）它的原理是利用磁性材料的剩磁原理，用磁头在磁带上记录与放音。磁带表面均匀涂满磁性粉末材料，磁头是高导磁率材料制成的环形磁铁，开有气隙，上面缠绕磁化线圈和偏置线圈，当要录的音频信号通过磁化线圈时，磁头贴近磁带，在磁带的磁性材料中留下剩磁，与输入的信号相对应。（图 40）

磁带便于录制、储藏，质量比较好，不仅可用于听音乐，还大量用于记录数据，具有广泛的用途。如果直接把信号记录在磁带上，由于录音、放音放大器和录音、放音磁头都有失真，信噪比也不能达到理想的要求，在录音和放音时磁带运动的速度也不能完全恒定不变，故磁带运动

■ 图39　磁带录音机

速度的变化也给信号带来失真。磁带记录现在都采用数字记录。要记录的音乐信号先经过频率很高的采样（通常采用48千赫立体声采样），然后把每一个采出的信号转化成16位的二进制码，把这样的信号录在磁带上。重放时再把这些码转化成为原来的信号。在重放时把信号加以规整，就可以有很大的信噪比，几乎没有失真，磁带运动中的抖动也没有影响，因此声音听起来

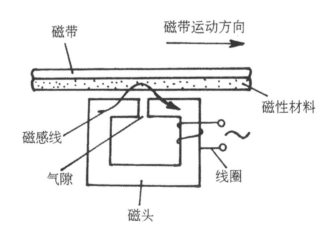

■ 图40　磁头与磁带

非常好，和原来的声音几乎没有什么区别。磁带有数字录音磁带（DAT）和数字压缩录音磁带（DCC）。DCC磁带在录音时经过质量很好的信号压缩，要记录的信号量只是光盘（CD）的1/4，放音时再经过处理和数模转换，即使是受过专门听音训练的人，也听不出录音磁带（DCC）与激光唱盘（CD）之间的区别。

（三）光盘

光盘是一种利用激光记录方式保存信息的存储载体。光盘的出现引发了一场信息存储的革命。一张光盘大约可存3亿个汉字。一套中国大百科全书约1.2亿个汉字，要用1米宽、2米高的书架才能装得下，而用光盘存放，还装不满一张光盘。光盘用来记录音乐就更不成问题了，可用数字记录，避免失真。现在的光盘有一次写的和可以擦写的两种。在录写的时候，用直径为1微米的激光在光盘的金属薄膜上形成烧孔、起泡或者引起相变、色变或偏振态变化。在读出时用微细激光束对光盘信道上的凹坑进行扫描，读出录下的信息。这种记录方法不但存储量大、不失真、没有磨损，还可以同时记录声音和活动影像，在家里放电影、玩卡拉OK毫无问题。为了节约存储空间，还研制出了VCD，同样也是光盘，也是数字记录，但信号经过了压缩。

■ 图 41　堆积的 CD/DVD 显现蓝色的纹理

图像压缩的方法这里就不讲了。声音压缩是采取去掉人耳听不到的频率很高和频率很低的信号，也去掉人耳敏感程度达不到的小的音。比如，伴随强声一起发出的弱声，人耳是听不到的，就可以去掉。不过 VCD 的图像和声音质量还是不能令人满意。而 DVD（数字光盘）使用所谓的 MPEG2 压缩技术，在图像质量等方面都优于 VCD，而且可以和高清晰度电视接轨。

　　最早的激光唱盘都是事先录好的，我们买来以后只能放音，不能像录音带一样，擦去再录新的节目。之后出的一种可擦写光盘，可以存 74 分钟的数字音频信号，而且可擦去重录 1000 次。

（四）立体声和环绕立体声

声音听起来有立体感，能判别声源在哪个方位，主要原因是人的两耳分布在头部两侧的对称位置上，能判断声音到达两耳的微小差别，这叫双耳效应。人耳对前方声音的判断精度能达到 1°～2°。

双耳效应主要是靠声音到达两耳的时间差和强度差来决定的。所以在听乐队演奏时，左边的乐器发出的声音先到左耳，右边的先到右耳。于是人们想，如果在乐队左边放一个传声器，乐队右边也放一个传声器，同时把两个传声器收到的声音录在不同的声道上。在放声时用两套放大器，在人的左、右两边各放一个扬声器，左边传声器录的声音由左边的扬声器放出来，右边传声器录的声音由右边的扬声器放出来，听的效果就和在音乐厅里听的效果差不多，也有乐器左右之感，这就是立体声。

1980 年，杜比发明了一个系统，在录音时有四个传声器和四路放大器，经过杜比编码器，把四个声道转换成两个声道记录下来，放声的时候，在人的前后左右安放四个扬声器，两路声音通过杜比解码器分为四路，通过四路放大器送到四个扬声器放出来，中间还有一个声道。这时人听到的声音，不但从前方左、右侧传来，还从后方左、右侧传来，从而有更好的效果。因为声音是从周围传来的，所以叫环绕立体声。（图42）

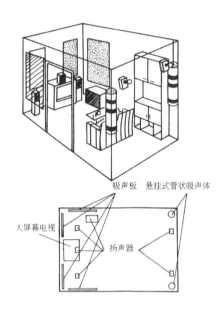

图 42　环绕立体声家庭影院

九、乐器是怎么响的

（一）管乐器是怎么吹响的

管乐器分成笛类、簧管类和号类三种，它们实际上都是靠管子中的空气柱作为共振体的。经过实验可以知道，一端开口、一端封闭的管子，在声波波长是管长的4倍时共振最强，这是它的基音。波长是管长的4/3倍、4/5倍、4/7倍时都有共振，这是它的第一泛音、第二泛音、第三泛音。在吹奏管乐器时，比如风琴管，气流通过狭缝进入琴管，在尖劈两边周期性地形成旋涡，它周期性地推动空气柱，使之振动，空气柱的振动又对旋涡的形成起反作用。当共振时，空气柱能恰当地控制从管口进来的气流，作为振动能量的补充。（图43）

笛子等吹奏乐器，则是用口吹出的气流在孔的边缘形成旋涡脱落激发管中的共振，反过来控制旋涡。（图44）笛子、洞箫等管乐器，壁上开有一排小孔，

■ 图43 自持振动

■ 图44 向管乐器小孔吹气产生的旋涡

演奏者控制小孔的启闭可以调节空气柱的固有频率，进而发出不同的音。在按同一些孔时为什么能提高八度（一个倍频程）呢？原来在吹孔边缘激发的气流旋涡脱落的频率是和气流速度成正比的。但空气柱的振动起控制作用，当尖劈上的气流振动频率和空气柱基音振动频率相近或高不到一倍时，空气柱始终按基频振动，而当流速增加近一倍时，空气柱的振动频率突然提高一倍。所以在演奏笛子和洞箫时，如果用力吹，就能使音调提高一个倍频程。

簧类管乐器则靠口上的簧片，用嘴唇吹气让簧片振动，当簧片的基频接近管中空气柱的共振频率时，管子就共振。

号类管乐器的激发体是人的嘴唇，上下嘴唇交互作用激发管内空气柱的振动。号出口端的号筒使发出的声音更加响亮。

（二）打击乐器

最早出现的乐器就是打击乐器。殷商时代已能制作具有一定乐律的编磬。在周朝，已有了编钟。京剧演出也总以锣鼓开场。

打击乐器的形状无非是棒、膜、板，钟和铃实际上是弯曲的板。这些物体都有自己的固有振动频率和泛音。

音叉、木琴等是棒类乐器，它们的恢复力是自身的弹力。

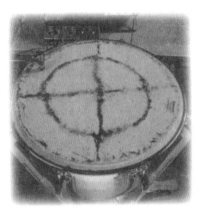

■ 图45 鼓面振动

鼓是膜类乐器，恢复力主要有张力。有的鼓如铜鼓，它的鼓面也有一定的劲度。（图45）

锣、钹或磬都是板，它们后面的空腔使膜振动更接近谐波关系。它们振动的恢复力主要是板的弹性形成的劲度，张力在这里不起作用。

有的编钟，当用槌在钟体不同部位敲击时，可以分别发出具有一定音阶的两个音。钟体各部分的厚度有一定的变化，使各泛音更接近谐音，听起来更加悦耳。钟体外部附着的一些突起的小圆包，是调音用的。（图46）

■ 图46 编钟

（三）为什么做不出斯脱拉梯瓦里小提琴

弦乐器是乐器之王，不论是交响乐还是京剧，唱主角的都是弦乐器——小提琴和胡琴。

弦可以用弓拉，如小提琴、二胡、京胡等，也可以用手指或金属片拨，如琵琶、吉他等，也可以用手指或槌子敲击，如钢琴、扬琴等。

用弓拉琴时，由于弓和弦间的摩擦力（再加上松香增加摩擦力）弦跟着弓一起运动，到一定位置时由于弦的张力大于摩擦力，弦就突然跳回平衡位置，然后又被弓带着移动，周而复始地进行下去。拉弓的位置决定哪个谐波能被激发，哪个谐波不能被激发，也就决定了音色。（图47）

琵琶、吉他之类的弦乐器是用手指或金属片把弦拨动到一个位置后突然放松，让弦自由振动。改变拨弦的点可以改变演奏出来的音色。

■ 图 47　用弓子拉奏时，弦上某一点的振动形式

钢琴、扬琴等用手或小槌敲击给弦一个初始动量，然后弦自由振动。发出的音由弦的共振决定。

　　弦可以用丝弦或钢弦。丝弦全靠张力恢复，发的泛音都是谐波。钢弦除张力外还有本身的弹性，泛音不是严格的谐波关系，不过钢弦绷得很紧时，也可以产生好的谐波。

　　弦很细，声音不容易辐射出去，因此一定要有共振体，使声音能辐射出去。如小提琴的前后板和共鸣腔，（图48）二胡的圆筒和蛇皮，这些共振体会加强一些频率，减弱一些频率，因而改变音色，并使声音变响。实际上影响弦乐器发声质量的就是这些共振体。怎么才算好，全凭经验。如17世纪的斯脱拉梯瓦里制作的小提琴，我们到现在还仿造不出。这里面总有一些因素我们没有弄清楚，如果能弄清楚，配上目前精密的加工工艺，计算机控制的高

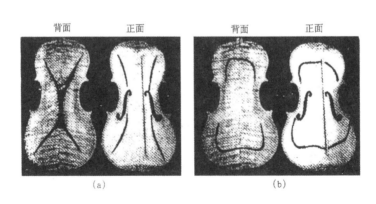

（a）　　　　　（b）

■ 图48　小提琴正面、背面的两种振动模式

度自动化工序，还能做不出来吗？

（四）电子乐器

同是弦乐器，胡琴和二胡奏出来的音就不相同，胡琴和小提琴的音差别就更大。同是一个音调，同是一首曲子，为什么用不同乐器演奏听起来差别那么大呢？音乐家会告诉你，这是由于它们的音色各不相同。音乐家可以对小提琴和胡琴的音色做各种描述。从结构上来说，这和使用的弦、共鸣体的结构和材料、演奏方法等都有关系，但是从信号分析的角度看，所谓音色不同就是信号的波形不同，（如图49）或者说基音和各次谐波的组成不同。从这点看来，如果我们能掌握一种乐器的频谱结构、波形特点，而且能

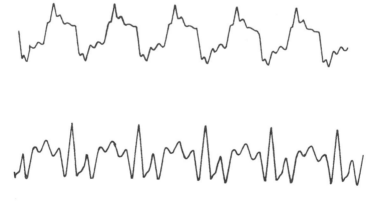

■ 图49　黑管和双簧管发同一个音的波形

产生同样的频谱结构、波形特点的电信号，然后经过放大，通过频率响应非常好的扬声器放出去，就可以模仿那一种乐器的演奏。在这个基础上，出现了电子乐器，如电子琴等。有的电子乐器只能模拟一种乐器，而有的电子乐器则可以模拟许多种乐器，如钢琴、管风琴、小提琴、黑管等等。有的电子乐器甚至能模仿一些人从来没有听过的乐器。实际上，电子乐器一般是先产生具有某一基频但谐波非常丰富的波形，如锯齿波、矩形波、三角波等等，这些波经过滤波或调制，就形成有特殊共振峰和特殊音色的乐音。要适时地产生这种波形需要复杂的线路，在以前是很困难的，但自从出现特殊的数字信号处理大规模集成电路之后，完成这些工作就不困难了。现在使用可编程的数字信号处理集成电路，加一个控制信号，就可以改变滤波器的形状，也就改变了乐器的性质，非常方便。现在的困难主要是我们对各种乐器的音色掌握得还不够确切，因此电子琴演奏出来的音乐也就和实际乐器演奏的音乐不完全一样。不过随着研究的进展，以及计算机和大规模集成电路的发展，一定会有愈来愈好的电子乐器出现。

十、人是怎样听到声音的

（一）耳为听之官

人听声音主要靠耳朵，耳朵分为外耳、中耳和内耳三部分，大致如图 50 所示。

外耳包括耳郭、外耳声道两部分。耳郭像个喇叭，可以把声音集中到外耳声道，将声波传到鼓膜，激发鼓膜的振动。

中耳是约 2 毫升的空腔，有欧氏管通到鼻腔以维持鼓膜两边压力均衡。中耳内有三块听小骨：锤骨、砧骨和镫

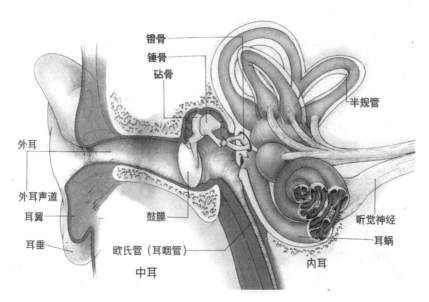

■ 图 50　人耳全貌解剖图

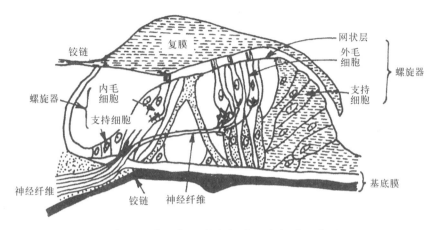

图 51　耳蜗中隔的放大图和基底膜拉直图

骨。连接鼓膜和耳蜗的三块听小骨起杠杆作用，可以将鼓膜上的微小振动放大 10 倍～18 倍后传入内耳，大大增加耳朵的灵敏度。

　　内耳有三条可控制身体平衡的半规管和听觉的最后接收器官——耳蜗。耳蜗在内耳的最前部，是一个螺旋管，共 2.75 圈，长约 34 毫米，形状像个蜗牛壳。（图 51）耳蜗中间有基底膜把它分为两半，在蜗顶处基底膜有一小孔使上下连通。在入口处，上半部分有卵形窗与中耳相连，下半部分是圆形窗。耳蜗内充满淋巴液。基底膜上有柯蒂氏器，其上有大量灵敏的毛细胞（共约 23500 个）。毛细胞分两层在基底膜上均匀分布。镫骨的振动通过卵形窗激发耳蜗内淋巴液的波动，淋巴液的波动使基底膜产生弯曲振动，外毛细胞把基底膜的振动放大并传到内毛细胞，内毛细胞上的神经末梢受到刺激后发出神经脉冲，把收到的信息通过听觉神经传送到大脑。大脑把原来贮存在记忆里的声音与之相比，对这些信号进行处理，就可使你识别出你原来听过的声音。

声音传到你的内耳，除上述的通过耳道传入——空气传导方法外，还可以通过头骨的振动传入，即骨头传导。

（二）诺贝尔奖获得者——冯·贝克西

人耳是怎样听见声音的？这是个很复杂的问题。听觉的研究有个便利的条件，就是人死以后 40 小时～50 小时内，人耳的听觉器官还有正常的功能，内耳听觉神经还能在声刺激下正常接收声信号，因此可以进行接近活体的研究。美籍匈牙利科学家冯·贝克西从 20 世纪 30 年代就开始研究听觉。他从尸体上取出很小的像绿豆粒那样大的耳蜗，在显微镜下把它拉直剖开，并用他自己特制的小工具把基底膜取出放在生理盐水中，这样他发现了基底膜在声刺激下的振动接收。有一次，他听到布达佩斯动物园的大象死了，非常兴奋，立即追踪大象尸体，找回了大象耳蜗，在大象的基底膜上观察到了行波。他对中耳听骨链的功能、内耳声接收器对声强度和频率的鉴别和分辨的本领，以及

■ 图52　获得诺贝尔生理学或医学奖的冯·贝克西

在声信号触发下听觉神经输出的生理电脉冲的性质等方面做出了创造性的研究，揭开了人耳接收声信号的秘密。他的研究获得了 1961 年诺贝尔生理学或医学奖。（图 52）他研究的成果并不是依靠高级仪器和大型工具，而是主要靠他高超的动手技能，以及洞察能力和锲而不舍的精神。他用的工具很落后，大部分是自己设计制作的，但很能解决问题。他还做了许多模型，模拟中耳、耳蜗对声波的响应。有一个模型是用铜管制作的，开槽后覆盖上厚度有变化的塑料片，模拟人耳基底膜上的振动情况。这个模型现在还保存在夏威夷大学的展览室里。所以对声学有兴趣的读者，可以从中学到一点，就是不但要靠精密仪器和计算机，还要创造性地制造工具，提出新的实验方法，才会得到更新的创造性的结果。应该说一下，在 19 世纪中叶，科学家赫姆霍兹就已提出基底膜共振的理论，一直到 20 世纪 50 年代，冯·贝克西的实验结果发表后，大家才同意赫姆霍兹的基底膜共振说，但又对它做了补充和发展，即内毛和外毛参与振动过程，内耳只作为声音的初步分析器，大脑做进一步分析，等等。我们从这里可以看出，发现一些根本现象是多么不容易。目前，听觉问题还不能说完全解决，还需要大家的进一步努力。

（三）人耳听声的能力

人耳能听到 20 赫到 20000 赫的声音。很小的声音听不见，叫听阈，很大的声音听起来受不了，叫痛阈。人耳对不同频率声音的灵敏度不同，以 1 千赫到 3 千赫之间最敏感，阈限最低，声强约为 10^{-12} 瓦每平方米，我们就把这个声强定义为基准声强，也就是零分贝。在频率低于 1 千赫或高于 3 千赫时，听觉敏感度下降。人对声音响不响的感觉在不同频率的声压级是不一样的，我们管它叫响度。等响度曲线是弯的，在 1 千赫处和声压级一致。（图 53）

人耳能听到的频率差别大约是千分之三，也就是说，

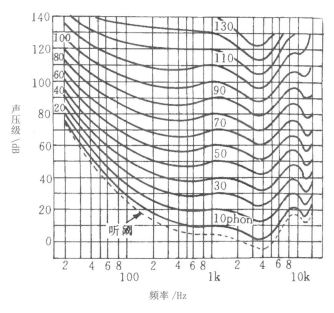

图 53 等响度曲线

人耳可以区分 1000 赫和 1030 赫的频率，更小的差别就区分不出来了。既然这样，人们就要问，钢琴的调音师是怎么把音调准的呢？原来他们不是靠耳朵直接听出差别，而是靠两个音叠加时产生的"拍"。同时发出两个频率接近的声音，它们就会产生"拍"，"拍"的频率是两个频率的差，所以也叫差拍。调音师在调音时先听见"卜""卜""卜"的"拍"很密，不断调一根弦，"拍"不断变慢，最后听不到"拍"了，两个音就一样了。

有一个弱的声音，人耳可以听得见，但再加上另一个强的声音，那个弱声就听不见了，这叫掩蔽效应。掩蔽效应不仅在两个声音同时听到的时候会有，在强声听到之前和之后的一小段时间内还会有掩蔽弱声的效应，这叫时间掩蔽。但是，在嘈杂的人群中，如果你集中精力，也可以听到你要听的两个人的讲话，这叫鸡尾酒会效应。

在强烈的噪声下，中耳听小骨构成的杠杆系统运动方式改变，力传递效率可下降 5 分贝～ 10 分贝。在声音过强时，中耳还会发生非线性畸变，把声能分散到各谐波。这些都是人耳的自我保卫功能。

到过强噪声车间的人都有经验，一走出车间就听不到人的讲话声，听力衰退了。经过几小时的休息，即可恢复正常。这是听觉疲劳引起的暂时性听力损失，听觉疲劳起警报作用，它警告人不能在这样的噪声中再停留，这也是人耳自卫的一种功能。

十一、话不说不明
——语言是人类交往的最主要的手段

（一）人是怎么说话的

人每天都说话，但说话的声学道理就不一定每个人都知道了。人的喉部有声带，是两片带状的纤维质薄膜，声带当中有开口，叫声门。呼吸时声带放松，空气可以自由地进入肺部。在发音时神经控制喉部软骨、肌肉运动，把声道拉紧并开启。气流由肺部发出，冲击声门，使它不断开闭振动，气流被调制成锯齿状的脉冲波。声带的振动频率，主要由声带的质量和劲度决定。脉冲波经过咽腔、口腔和鼻腔构成的声道的共振作用产生几个共振峰。唇、齿、舌、腭的位置不同，发的音也不一样，这就是不同的元音。汉语拼音中的辅音比较复杂，发清辅音时声带不参与，爆破音（p、t、k）是由口腔中各部位把气流阻塞，然后突然开启形成的，清擦音（f、s、h）是气流缓慢通过口腔中某一狭缝摩擦形成湍流而发出的声音。把汉语拼音按照发音部位来分，则有鼻音（如m）、唇音（如b）、唇齿音（如f）、舌齿龈音（如s）、舌齿音（如d）、上腭音（如g）、舌-硬腭音（如zh）、舌-软腭音（如r）等，俄语中还有舌尖颤音。

在汉语拼音中辅音和元音拼合起来就成为一个音节。

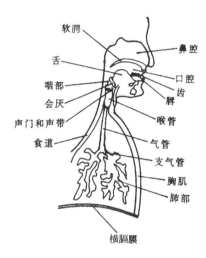

软腭
鼻腔
舌
口腔
咽部
齿
会厌
唇
声门和声带
喉管
食道
气管
支气管
胸肌
肺部
横膈膜

■ 图54　人的发声系统

汉语还有音调变化，也就是在一个音节中音调的变化。第一声高而平，第二声向上升高，第三声先降后升，第四声降低。外国人说中国话总不对劲，主要是这四声发得不准。

人类在长期的进化过程中形成完善的发声器官。（图54）大脑能通过神经运用自如地控制鼻、口、喉腔这些复杂的共鸣腔发出声音，使人类能进行交流。大脑是怎样控制发声器官的？科学家们在

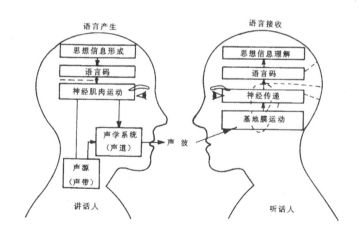

语言产生
思想信息形成
语言码
神经肌肉运动
声学系统（声道）
声源（声带）
声波
讲话人

语言接收
思想信息理解
语言码
神经传递
基地膜运动
听话人

■ 图55　语言产生和接收过程

进一步研究这个问题。

可以设想，讲话人先是有思想，然后再通过语言的形式确定下来，并且控制声道口腔说出话来。听话人听见一串语音流，在脑子里分析、理解，从而领会讲话人的思想。（图55）

（二）"芝麻开门"

天方夜谭里有阿里巴巴和四十大盗的故事，说藏宝的山洞听到"芝麻开门"的口令就会把门打开，这反映了人们多年的理想。人们希望有一天，机器能听懂人的话，能按人的口令办事。这个理想，今天已逐步实现了。这是因为计算机和大规模集成电路得以长足发展，同时人类对语言和语音的理解和处理的研究也有了很大的进步。

要想让机器听懂话，先要了解人是怎样听懂话的。人听话先听到的是一串声音，或者叫语音串。要听懂话，首先音要听准，也就是要听准每个字的声母和韵母，而且要听清四声，不然就要弄错。比如笑话里说一个主人叫仆人去买竹竿（zhúgān），而仆人听成了买猪肝（zhūgān），结果就买错了。实际上声母、韵母都没错，只是一个字的声调错了，结果事情就办错了。音不对固然不行，但即使音对了，同音字、同音词还是有很多的，究竟对方讲的是哪个字，哪个词，还有个理解问题，比如说 gōng shì 这两个音对应的就有"公式""攻势""工事""公事""宫室"等好几个词。究竟是哪一个，就要看上下文了。如果说数学 gōng shì，那就是"公式"；如果说 gōng shì 公办，那就是"公事"了；若说修筑 gōng shì，那还闹不清是"工事"还是"宫室"，还要再看前后文讲的是什么，如讲现代战争，那自然是"工事"，如果是古代历史，那就应该是"宫室"了。这就是"理解"，所以人是先听清音，然后再理解对方说的是什么事。人的理解能力有时很强，一句话中有几个字听不清，也可以弄清别人讲的是什么意思。

机器怎么才能听懂人说的话呢？也是分两个步骤，第一是听清音。汉语普通话如果不算声调的话，一共有1300个音，再加上音调，也不过5000个音。如果一个人对机器发出5000个音，机器可以把它们录下来。当人对机器讲话的时候，机器把听到的每个音和这5000个音比较，哪个最接近，就算哪个音。把人讲话的语音串都弄清了，就可以进入下一步——"理解"。人的脑子很复杂，理解能力是从许多方面来的。计算机要学会人的理解能力很不容易，只好先用些死办法、笨办法。如果词汇量很少，办法就比较简单。比如打电话想不拨号，光叫名字就能自动拨出号码。如果人数是几十个人，那么读了一个人的名

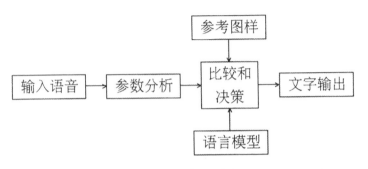

■ 图56 语音识别系统

字后，计算机就可以和存在机器内的几十个名字相比较，选出发音最接近的名字，调出机器中相应的号码，就可以拨出去了。这种事情现在就可以办到，像"芝麻开门"这种声控锁，现代技术做起来也是没有问题的。（图56）

如果词汇量很大，问题就复杂多了。好在计算机运算速度很快，存贮量也很大。人们目前用得比较多的是统计方法，即先找大量的语言材料。比如说几年的《人民日报》，统计某两个词连在一起的概率是多少，某三个词连在一起的概率是多少，听出音之后，就按这个概率处理，概率最高的就算是对的。比如统计中"数学公式"出现的概率高，"数学公事"出现的概率很低或等于零，那么当出现 shù xué gōng shì 时，计算机就可判定为"数学公式"。

现在机器听懂人的话的能力有多大呢？按上面说的办法，如果统计的是《人民日报》，人对机器读的也是《人民日报》中的稿子，那么现代计算机能听清，并把字打出来，正确率可达90%以上。计算机实际上完全没有听"懂"，它只是知道应该是哪一些汉字而已。这样的"理解"系统通常叫语言模型，将其做成听写机蛮不错。但如果对机器读的是一封家信，或者是一段小说，机器打出的字错误就很多了。

看来要机器能听懂各种人讲的各种内容的话，关键还在于理解，也就是使机器有人的理解能力，这还要几代人的努力。光靠统计方法是不能完全解决问题的，最后还要靠语义之类的办法，使机器的思维方法和人类接近。如果有庞大的知识库，有足够的知识，理解能力就会更强。

（三）机器讲话

看电影时听到机器人讲话，总是腔调平平，声音嗡嗡。是不是机器就只能这样讲话呢？机器是怎样讲话的呢？最早模仿人讲话的办法是做个机器，完全模仿人的喉、口腔等。后来发现这太麻烦了，控制这些小零件可不容易，要花费很多工夫，只能讲几个字。后来就转向依靠电子技术。既然电子能模仿钢琴、提琴，为什么不能模仿人声呢？由此就研制出了能发元音的电路和能发辅音的电路，拼起来就是一个个音节了。但这些音节既没有四声，也没有抑扬顿挫的节奏，听起来都是平平的、嗡嗡响的。实际上人讲话总是有韵律的，也就是有的音发得长，有的音发得短，有的音发得轻，有的音发得重，发音的间隔也不一样，还有的地方要有停顿，而且一个词中的两个音节在讲话时由于口腔运动的限制，前面的音要影响后面的音，后面的音要影响前面的音。计算机发展起来之后，人们发现让机器发元音、辅音，再加上音调控制，也就是韵律控制，机器讲出的话就好听多了，但是总有些不自然。有人就想，能不能让人发出各种音，把它们录下来，存在机器里，当人们发出指令，送进哪个字，机器就把哪个字调出来发音，不就行了吗？但录下的音要么是单独发出的，要么是在某一段讲话中抽出来的，它的长短、轻重、高低不会和我们要讲的话中的那个音一致。因此就要根据需要，把这个音的长短、轻重、高低加以调整。但是在不同句子中不同地位的音差别比较大，用录下的音去调，能调的范围总是有限的。再则我们送进去的是一段文字，什么地方应该强调，什么地方不该强调，文字上并没有标明，这就需要计算机里有一套程序去处理这些事。若上述问题都处理好了，计算机讲出的话就好听了。可以想象，将来计算机能像好的播音员一样，能播出悲伤的消息，也能报告喜庆的消息，而且口齿清楚，感情丰富，扣人心弦，也许还能模仿某一

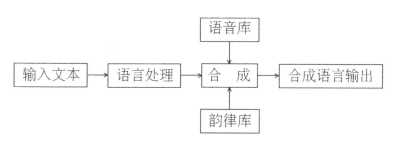

■ 图 57　语音合成系统

个人特别是某一位伟人的讲话，以假乱真。要实现这个目标，这都不是不可能的，需要我们大家共同努力。（图57）

（四）机器翻译

如果你想和一位外国朋友交谈，可你的外语还不够好，怎么办呢？你可以请一位翻译，你讲中文，翻译译成外文，然后外国朋友讲外文，翻译又译成中文。这样多费事呀！想象一下：你拨一个电话接通一个机器翻译机，再接通你的外国朋友。你讲的是中文，通过机器翻译机外国朋友听到的却是外文；当外国朋友讲外文时，你听到的是中文，这不是非常妙的事吗？现在有不少人在进行这项工作的研究。（图58）有的人也许觉得这件事并不复杂，现在不是有机器翻译、语言识别、文语转换吗？把它们组合起来不就行了吗？实际上并不那么简单。我们上面说过，机器的

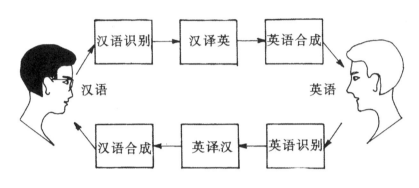

图 58　机器翻译系统

语音识别能力还不够强，不是什么话都能听得懂。机器翻译问题就更多了。现在最好的翻译系统，是由英文翻译成中文，其正确率不超过 80%。

（五）机器秘书

我们不在家，可以在电话上装一个留言机，说明主人不在家，有什么话请他留言。这还不够方便。可以想象，如果电话上接一个机器秘书，听到电话后它就问："您是哪位？……有什么事？"如果这人是机器"认识"的，就可以告诉他，主人现在到什么地方去了，请打另一个电话，或者告诉他，他要办的事已办好了，明天来取回件，等等。等你回家之后，机器秘书就会告诉你，哪些人来了电话，哪些人来了电传，内容是什么，什么事已经办好，明天什么人要来，等等。还可以告诉你今天股票行情有什么变化，国际国内有什么和你有关的大事。机器秘书还可以在互联网上帮你找材料，给你安排日程，起草文件，处理信件、电传，等等。要做到这些，除"语音"之外，还要有高级的智能，这当然也是需要长期研究的事情了。

十二、奇异的次声

（一）什么是次声

人能听见的声音的最低频率是 20 赫，也就是每秒振动 20 次。频率更低的声音，人耳就听不见了，但它同样是空气的振动，是波，和可以听见的声音没有本质上的区别，这就是次声。

19 世纪发生的一次火山爆发所产生的次声给人留下深刻的印象。1883 年 8 月 27 日，位于印度尼西亚的喀拉喀托火山突然大爆发，把 20 多立方千米的岩石变成碎块抛向空中，发出轰鸣巨响。它产生的次声波绕地球转了好几圈，传播了十几万千米，在几万千米处用简单的气压计就可记录下它产生的次声波。自然界中，地震、流星爆炸、极光、雷电、台风、晴空湍流、电离层扰动、爆炸、飞机飞行、火车行驶、风吹过高山或高楼，在一定情况下都会产生次声。我们通常能收到的次声大约从 20 赫到 0.0001 赫，0.0001 赫也就是接近 3 个小时才振动一次。在地震、火山爆发之前有些动物会感到不安，纷纷迁徙，这很可能与它们能感受次声有关。水母可以听到频率在 8 赫～ 13 赫的次声。在风暴或台风来临前，水母听到了台风产生的次声，就游到礁石缝或避风的地方躲藏起来。沿海有经验的渔民看到水母躲藏起来，就可预知风暴即将来临，及早做好准备。

（二）次声为什么能传播那么远

火山爆发的次声能绕地球 4 圈。为什么能传播那么远呢？这其中的道理现在已经弄清楚了。首先，次声在空气中传播时空气对它的吸收较少，频率为 0.1 赫的次声，在空气中受到的吸收损失是 1000 赫声波的一亿分之一，所以在传播中，次声的吸收损失几乎可以忽略不计。其次，在大气层中有一个天然的波导，对次声传播极为有利。什么是波导呢？在旧式的海船上指挥通话都靠一个铜管子，一个人在管子一端讲话，另一个人在管子的另一端听，声音就比没有管子时响亮得多。

这是因为声音在管子内传播，经管壁多次反射，能量集中，不像在旷野中那样发散。在大气层中也有一种波导，我们现在来看一下大气层的结构。大气层由对流层、平流层和电离层构成。从地面起，随着高度增加，空气温度逐渐降低，到

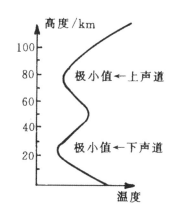

■ 图59 大气温度随高度变化

20 千米高度处温度最低，之后随着高度增加，空气温度又逐渐升高，到 50 千米高度以后，气温再次降低，到 80 千米高度处出现第二个极小值，然后空气温度又随高度而升高。（图 59）空气温度高的地方声速大，温度低的地方声速小，这样就形成了波导。声波在温度不均匀的大气层中传播时总是向温度低的一侧偏转，所以一部分声波向上传播时，在第一个极小值上面的极大值附近（约 50 千米高度）就开始弯转向下，由地面反射向上，再弯下来，这部分声波在地面和这个极大值之间传播。有一部分声波穿过这个极大值，在第二个温度极小值上面温度不断升高的地方弯曲向下，次声在这个温度升高段（约 100 千米高度）和地面之间传播，不散向太空，因此可以传得很远。（图 60）

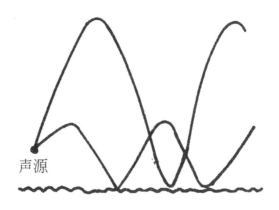

声源

■ 图 60 次声波在大气中波导传播的示意图

（三）用次声观测核爆炸和恶劣天气

在大气中的核爆炸的能量相当于 1000 吨 TNT 炸药的能量时，产生的次声波在上千千米处都可以收到。能量大于百万吨的 TNT 炸药爆炸时，产生的次声波可以传播几万千米。在不同地点设几个接收器阵，可以根据次声信号到达每个接收点的时间计算出爆炸地点，还可以根据收到信号的强度判断核爆炸的强度，或者叫当量，也就是与之相当的 TNT 炸药的吨数。为了能判断声音传播的方向，每个接收器阵要有几个次声接收器，阵长要有几十千米到200 千米。在地下进行核爆炸，有时也会辐射出较强的

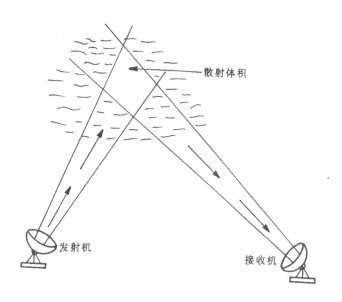

■ 图 61 大气声散射双地测量方法

次声波，所以用次声方法，有时也可以侦察出较大的地下核爆炸。

雷暴和冰雹对飞机飞行和农业生产有很坏的影响。在坏天气的酝酿过程中，气流激烈地运动，也会产生次声。通过仪器接收到这种特殊的信号时，就可以预报恶劣天气的发生。所以，该方法对航空事业和农业很有好处。

频率比较高的声波，也可以用来观测气象。用一个大喇叭向天空发射1000赫左右的声脉冲，声在大气的湍流和不均匀的地方反射回来，通过接收机可以测量几千米高度内大气的风速和温度随高度的分布，以及温度和风速的脉动、重力波等。（图61）

十三、海洋中的声音

（一）海水对声波非常"透明"

如果你用玻璃杯盛一杯清洁的海水，它看起来好像是无色透明的。但是，人眼最远只能看见海水中几十米深处的物体，海水对光并非是十分透明的。人们很熟悉的无线电被用来播放音乐与电视，雷达用来探测空中的目标，现在更广泛地利用卫星来进行通信与遥感，而这些都是使用电磁波（包括可见光、红外线与微波）来探测和传输信息的。为什么在海洋中不用电磁波呢？这是因为海水对电磁波吸收得很厉害。图 62 展示的是电磁波在海水中的衰减

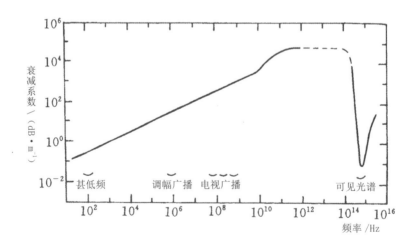

■ 图 62　电磁波在海水中的衰减

系数随频率而变化的曲线，衰减系数的单位是分贝每米。
例如在电视广播频段，衰减系数大约为 100 分贝每米，也
就是说，穿过 1 米厚的海水，电磁波的强度就下降 100 分
贝（即强度减少为原来的一百亿分之一）。因此可以说，
海水对电磁波是很不透明的。人们正是利用海水的这一特
点发明了潜水艇，潜水艇隐藏在海洋中就难以被看见，就
算是雷达也找不到。

然而，道高一尺，魔高一丈。人们发现声波在海水中
的衰减只有电磁波的千分之一。图 63 是声波在海水中的

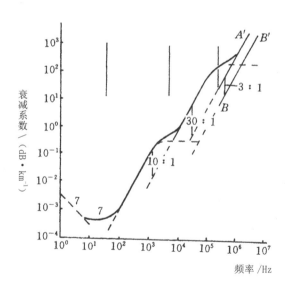

■ 图 63　声波在海水中的衰减

105

衰减系数随频率变化的曲线，衰减系数的单位是分贝每千米。以 100 赫的声波为例，其衰减系数约为 0.001 分贝每千米，也就是说，100 赫的声波在海洋中传播 10000 千米时，海水的声吸收（声能转变为热能和化学能）引起的声强度衰减仅为 10 分贝（即声强度下降为原来的 1/10）。相比之下，海水对声波是十分透明的。海水的这一特性就决定了海洋是声波施展才华的广阔天地。在海洋中，声波代替了电磁波，被用来探测海洋中的物体、传输信息和进行遥测与遥感等。

（二）海洋中的声通道——水下声道

医生使用听诊器来测听心音，是由于心脏轻微抖动的声音可以通过两根橡皮管传到耳朵里；人站在地铁站台可以听到远处开来的列车的声音。听诊器的橡皮管和地铁隧道都是很好的声传输通道，海洋中也存在着天然的、无形的声通道，人们称它为水下声道。声波在水下声道中传播的距离非常远，1 千克炸药的爆炸声通过水下声道传播，在 1 万千米之外还能听到。

水下声道是怎样形成的呢？在海水中声速随水温、盐度与压力的变化而变化，水温越高，盐度越浓，压力（深度）越大，海水中的声速越大。在海洋中，盐度比较稳定，一般在千分之三十五左右，而海水的温度在几百米范围内，通常随深度的增加而下降，因而海水中的声速随深度的增加而减小。在中纬度海区深度为 1000 米左右时，水温接近 3 ℃～4 ℃，而且水温随深度变化很小。当深度继续增加使压力增大时，海水中的声速就随深度的增加而增大，这样就出现海水中的声速随深度增加先是下降，在 1000 米左右达到最小，而后又随深度的增加而逐渐增大的情况。这样的声速结构使得一部分声波在海水中传播时由于上、下来回折射，既不碰海面也不碰海底，形成了一个天然的声通道。图 64 是北太平洋水下声道中的声线图，

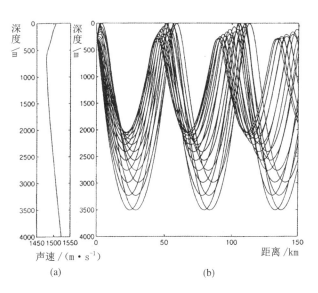

图 64　北太平洋水下声道中的声线图

107

图 64（a）是海水中的声速随深度变化的图线，图 64（b）的曲线就是声线——声传播路径。

（三）用声音来测量海洋的"体温"

海洋占地球表面积的 71%，对全球环境起着重要的调节作用。海洋轻微"发烧"，全球气候就要发生"重感冒"，"厄尔尼诺"气候反常现象就与海洋温度变化密切相关。1997 年的"厄尔尼诺"现象使南美洲一些地区暴雨成灾，非洲一些地区异常干旱，从而造成了严重的经济损失。一百多年以来，人类大量开采和使用矿物能源，使空气中的二氧化碳浓度大幅增加。由二氧化碳等气体产生的温室效应使地球气候变暖，引起南北极冰雪融化，海平面上升，进而引起一系列环境灾害。因此全世界都要控制二氧化碳等温室气体的排放，减少环境恶化给人类带来的灾难。

要控制全球气候变暖，首先要监测气候变暖的情况。海洋对气候变化起着调节作用，因此监测海洋温度变化就显得十分重要。然而，整个海洋的"体温"是十分难测量的。若在一个地方放一个温度计测量这一点的温度变化，由于水温随昼夜、季节而起伏变化，需要测量 200 年才能看出海水温度变化的趋势。而影响全球变化的是大范围海洋的平均温度的变化，因此用定点测量温度的办法是无法

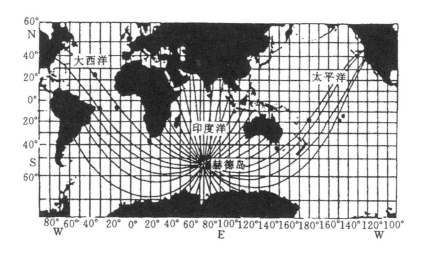

■ 图 65　赫德岛实验传播路径图
图中"·"表示接收站位

■ 图 66　太平洋声学监测网络图
图中 R_1、R_2 为中国接收点

实现的。这时，海洋声学家就想到用声学方法，利用声波可以在海洋远距离传播这一特点，加上海水中的声速随温度变化很灵敏，通过测量远距离固定点之间的脉冲传播时间，就可以准确计算出大范围海洋的平均水温的变化。根据这个设想，科学家们在 1991 年 1 月进行了一次试验（赫德岛试验），在南太平洋的一个小岛——赫德岛附近的水下放了一个功率为 6 千瓦的低频声源（频率为 70 赫），在印度洋、太平洋与大西洋的 18 个站位进行接收。（见图 65）它相当于一个全球水下广播电台，最远接收距离达 16000 千米。实验证明用这种办法来测量海洋"体温"是可行的。于是，国际上就成立了"大洋声学监测"委员会，进行国际合作，分别对太平洋、大西洋与印度洋进行监测。图 66 是太平洋声学监测网络图。如图所示，在夏威夷放置一个低频声源，在太平洋周围进行接收，进行为期 10 年的监测，这样就可以测出海洋的温度变化了。

十四、水下战争的耳目

自从潜艇出现以后，海上战场就变成立体的了。在第二次世界大战中，许多舰艇都是被鱼雷击沉的。要打赢海战，不但要有空中优势、海面优势，还要有水下优势。在海下，9米之外就什么都看不见了，电磁波也穿不透，就和"三岔口"一样，是在黑暗中格斗，听见声音就一刀砍去。故水下战争也是以"耳"代"目"的。

（一）声呐是怎样探测到潜艇的

水面舰艇和潜艇上都装有声呐。一种叫主动声呐，向水中发射脉冲声波。（图67a）声波在传播过程中遇到障碍物，就产生回波，向反方向传播回到舰艇，声呐接收到回波后，从脉冲来回的时间算出"目标"的距离。声呐上装有许多水听器，形成雷达天线那样的基阵，根据声传到不同水听器的时间差，就可以知道"目标"的方向。知道了方向、距离就可以确定目标进行攻击。现代的主动声呐，发一个脉冲就可以探测到一个一定大小的方位角内的目标，收到信号后可在荧光屏上显示目标的位置。主动声呐有个缺点，就是要探测敌人就要发射声波，这声波也就暴露了自己，对于以隐蔽性为主要优势的潜艇很不利。

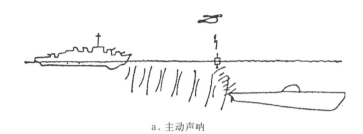

a. 主动声呐

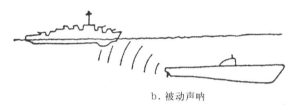

b. 被动声呐

■ 图 67　主动声呐和被动声呐

　　还有一种靠敌方发出的噪声来探测敌方位置的声呐，叫被动声呐。（图 67b）这种声呐装有许多水听器，形成基阵，声呐不断收听，根据噪声到达不同水听器的时间，可以确定敌人的方位。有的被动声呐，不但可以确定敌人

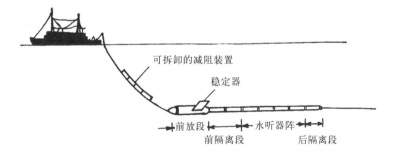

■ 图 68　拖曳线列阵声呐在工作

的方位，还可以确定敌人的距离，那就更方便了。

为了确定敌人的方位，需要有很大、很长的基阵。现代的声呐基阵，已占据舰艇上的大部分位置，但舰艇只有那么长，要再长只有拖出一根长线水听器阵。这种阵长达几百米，拖在船后，可以听到很远处的舰艇的声音。（图68）

（二）鱼雷是怎样攻击舰艇的

看电影《甲午风云》，邓世昌发射的鱼雷没有打中日本军舰，观众们都觉得实在是太可惜了。不过那是老式的鱼雷，叫直航雷，把它发射出去，它就一直跑，碰上敌舰就爆炸，碰不上就等于白打了。现代的鱼雷能自动跟踪敌舰，直到把敌舰打沉为止，而这也是依靠声呐的作用。在鱼雷头上装一个小声呐，它不断接收敌舰的噪声，或不断发射声脉冲，发现敌人在哪个方位，就转舵向它驶去，敌人逃避了，它就再转舵。如果一次没有打中，它还会打圈子搜索敌人，一直到能源耗尽，自动沉入海底为止。攻击敌方潜艇时，还可以用火箭把鱼雷送到距敌方潜艇不远的地方，鱼雷落入水中后，会自动搜索并击沉敌方潜艇。（图69）

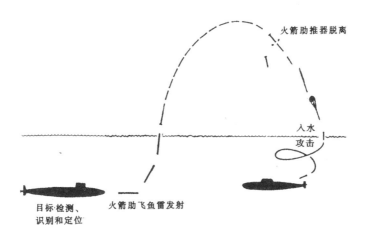

火箭助推器脱离

入水
攻击

目标·检测、
识别和定位

火箭助飞鱼雷发射

■ 图69　火箭助飞鱼雷发射

　　潜艇又怎样对付这种鱼雷呢？潜艇像狐狸，鱼雷就如猎犬跟踪气味，穷追不舍。为了逃脱困境，大多潜艇采用的是金蝉脱壳之计，军事上叫声诱饵。（图70）既然你追

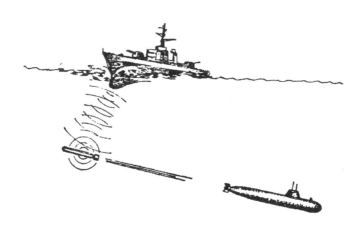

■ 图70　"金蝉脱壳"

声音来了，我就在另一个地方发出一个声音，叫你去追。
最早的声诱饵出现在第二次世界大战期间，英国人为对付
德国人的声导鱼雷，在船后拖一根钢绳，在离船几百米的
地方装上两根钢管，船航行时钢管受水流冲击不断互相敲
打，发出很响的声音，鱼雷往往就跟上了这个假目标，在
钢管处爆炸，船安然无恙。为了对付发射声脉冲的鱼雷，
潜艇往往会发出一种气泡弹，这种弹遇水就发出大量气泡，
形成气泡幕。（图71）声脉冲遇到气泡幕就反射回去，鱼
雷上的声呐认为这是目标，追了过来，潜艇就逃脱了。后
来鱼雷声呐愈造愈精，变成智能的了。它可以判断是钢管
打击的声音还是舰船发出的声音，是气泡幕的反射还是潜
艇的反射，就不再上当受骗。道高一尺，魔高一丈，这
又促使诱饵也不断改进。现代的诱饵，大多自己能航行，

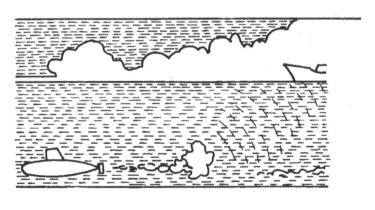

图 71　潜艇释放气泡幕进行干扰

116

发出和舰船类似的声音，收到鱼雷探测脉冲后能发出类似舰船回波的信号。攻守双方不断改进技术，这种技术也叫水声对抗。

（三）声控水雷和反水雷战

看过电影《多瑙河之波》的人都会记得那个带有几个触角的死亡怪物——触发式锚雷，不过这种雷现在已经过时了。现在的水雷大部分是沉底的，利用船通过时产生的声音，以及磁场、压力，使雷引发爆炸。这种雷造价不高，可以布设很多，封锁港口航道。水雷上有声接收器，当声强度超过一定大小时就会爆炸。要扫除这种雷通常用一艘小船拖一个能发出船噪声的设备在雷区跑来跑去，使雷爆炸。

不过布雷的人也有对付的办法，就是给雷设定一种控制设备，使雷接收到足够响的声音时不爆炸，而是接收到某一定次数足够响的信号时才爆炸。同时，雷区内的雷各设定为船通过不同次数时爆炸。这样一来，不论扫多少次雷，都没有把握把所有的雷扫干净，这块海域便始终是危险的海域。所以布雷就成为一种易发难收的问题，不到绝对必要时，最好不采用布雷封锁的办法。

用分辨能力很高的声呐也可以探出水雷，但雷有时会

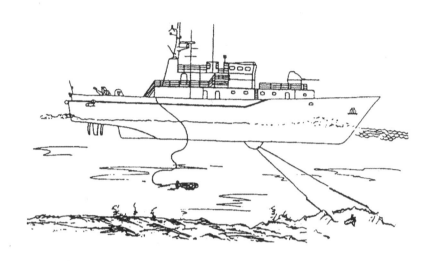

图 72　探测水雷

被泥沙掩埋，探不出来，另外海底的礁石也很难和水雷区别开来。用各种办法探出有类似水雷的水下物体时，就由船上派一个水下机器人，机器人上面装有推进设备、水下电视和高分辨力声呐。机器人行驶到可疑物体旁边，船上的人可以通过水下电视在船上查看是不是水雷。如果是水雷，机器人就会放下一枚遥控炸弹。回到母船后，机器人就可以把炸弹引爆，把水雷摧毁。（图 72）

（四）飞机是怎样搜索潜艇的

潜艇用的水面舰艇机动能力较低，所以在反潜艇侦察中，大量使用飞机。直升机上可以安装吊放式声呐，在海

118

面上不高的地方，把声呐换能器放入水中，发射声脉冲，探测附近的潜艇。如果没有发现潜艇，飞机把换能器吊起，再飞到另一个地方进行侦察，如蜻蜓点水一样。固定翼飞机在搜索潜艇时投下声呐浮标，这些浮标有无线电发射机，可以把水中收到的信息发送到飞机上去。声呐浮标有多种，最简单的是噪声浮标，接收潜艇的噪声。有的噪声浮标还有定向功能。有一种浮标可以发射声脉冲，接收潜艇的反射信号。还有一种浮标使用爆炸声源，从飞机上丢下特制的炸弹，爆炸声在潜艇上的反射信号由声呐浮标接收到，发送到飞机上，通过计算机计算出潜艇的位置。（图73）

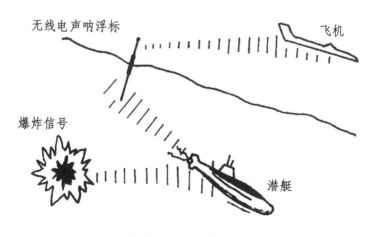

■ 图73 飞机搜索潜艇

十五、水下观测的多面手

（一）怎样绘制海图

在大海中航行，没有海图可不行，因为不知在什么地方就会有一块礁石，船触礁就糟糕了。因此，人们在几百年来，努力测量并绘制着海图。先是用水铊，看放下去多长的绳子，铁铊可以沉到底。这办法一是慢，要停船才能测；二是深的地方测不了。自从发明了回声测深仪以后，情况才有所改变。把声换能器装在船底，向下发一个声脉冲，声脉冲遇到海底反射回来，测量发出脉冲和收到反射脉冲的时间，乘上水中声速，再除以 2 就得到海深。船一直向前走，不断测深，不断定位，就可以得出海区的深度图了。应该说，没有回声测深仪，就没有海图。但这种方法毕竟太费时、费事，而且一条测线与另一条测线之间的情况完全不清楚，万一中间有礁石怎么办？声呐技术的发展，出现了多波束测深仪。声换能器以一定角度朝与船航向垂直的方向发出一个扇形波束，接收系统是一个多波束系统，每一个波束接收一个方向来的回波，波束可以达到百余个，每个波束的宽度为 $1° \sim 2°$。这样发一个脉冲就可以测出与航向垂直方向的一条带上的一百多个深度，带的宽度大概为水深的 2 倍。这样一来，船来回航行若干次，

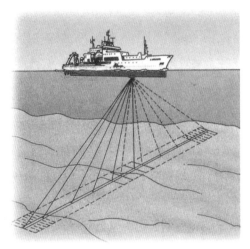
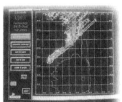

■ 图 74　多波束测深仪

就可以得到一张非常详细的海图。用这种方法，发现了不少过去不知道的海底山和沟，不少国家已用这种办法重新测量海域，用新海图取代旧海图。（图 74）

要弄清海底表面的情况还有一种设备，叫侧扫声呐。这种声呐的换能器通常装在鱼形拖曳体内。当船向前航行时，它向船两侧发射水平宽度很窄（2°左右）、垂直宽度较大的波束。声波打到海底表面时散射回来，并用记录器把散射回波记录下来，记录纸上的线与声在海底扫过的线相对应。声波一道一道扫过海底，记录纸不断前进，便画出一条一条的线，线的黑度和散射波的强度相对应。海底凸出部分呈现黑色，凸出物背后声波照射不到，呈现白色，这样形成的黑白图像称为海底地貌声图。通过地貌声图可以看出海底的地貌，包括礁石、沉船、飞机残骸、沙丘等。不同的底质，图像也不同。侧扫声呐应用很广，有大型的，频率低达6千赫，扫描距离可达20千米~30千米；小型的，频率高达几百千赫，扫描宽度为几十米。使用最多的是频率在十几千赫到几十千赫、扫描宽度为几百米的侧扫声呐。有的记录器也不是光靠电化学直接记录，而是录在磁带上，

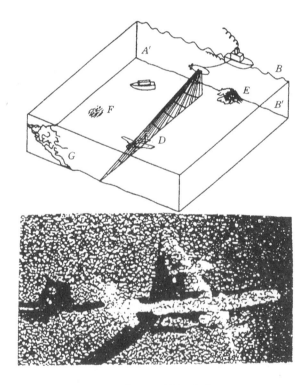

■ 图 75　侧扫声呐

可以修正斜视，以及换能器高度和航行偏差引起的误差，并可以自动拼图。最新的一种侧扫声呐叫合成孔径侧扫声呐。它用电子信号处理的方法，把一个短基阵在按直线前进时发射和接收的信号组合转化成一个长基阵的结果，有很高的分辨能力，它能在 500 米的距离上，分辨出 10 厘米的目标，本事真是不小。（图 75）

（二）鱼群和水中泥沙的探测

人们在发明了回声测深仪之后，在使用中发现，在记录纸上除海底的信号以外，往往还有不少斑斑点点的记录。一开始，人们认为可能是机器或记录纸出了毛病，后来慢慢发现，这些斑斑点点的记录，原来是鱼的反射信号。大鱼反射信号强，小鱼反射信号弱，斑点多就表示有密集的鱼群。这样又出现

图 76　鱼探仪

了专门探测鱼群的仪器——鱼探仪。这种由测深仪发展出来的鱼探仪，它的声波是垂直向下的，因此叫垂直鱼探仪。（图76）垂直鱼探仪结构比较简单，能探测船下面的水中有没有鱼。后来人们又想，能不能使声波向水平方向发射，探测船周围的鱼群呢？在水平探测的时候，必须知道鱼群是在哪个方向，多少距离。为了实现这个目的就要发射很窄的声束，使声能聚集在一个窄的角度中，该声束还要能在360°的范围内扫描，使各个角度和不同距离的回波信号在荧光屏上显示出来。好的水平鱼探仪可以探测几百米到一千米半径内的鱼群。为了显示反射信号的强度，渔船大多采用彩色显示，用不同的颜色和深浅反映反射信号的强弱。这下，渔民捕鱼可就方便了。

河口附近，水中泥沙总是很多的，这些泥沙沉淀下来对河口的航道以及河口三角洲的形成影响很大。以前测量泥沙含量靠取样，回去把水蒸发，看剩下多少泥沙，这办法又慢又费事。之后人们发展了用声学方法来测量水中泥沙含量的方法。道理很简单，就是利用声波在泥沙颗粒上的散射原理。泥沙颗粒虽小，对高频声波的散射能力还是很强的。颗粒大了，每单位体积内的泥沙颗粒多了，散射回波就强。事先标定好后，在现场就可以很快地测出各处、各个深度的泥沙含量，非常方便。

（三）怎样知道海流的情况

　　海流对航行、海洋生物环境都非常重要，而且，在不同深度，海水的流速是不一样的。过去大体上是用转子海流计，它和测风速的转子风速计类似。测量时，船先抛锚，放下一根钢绳，下面系上重锤，在钢绳上不同深度处装上若干个海流计，海流计上有罗盘，这样就能测出不同深度的海水流向、流速，一般要观察一个昼夜。这办法现在看起来太费事了。现在使用的是多普勒海流计。什么是多普勒现象呢？乘坐火车的人可能会注意到，如果对面开来的火车在鸣笛，两车交错以前，笛的声调是高的，交错之后，笛的声调马上降低。也就是说，接收由一个运动物体发出的声音的频率和运动体与观察者的相对速度有关。两个物体相近，频率就会升高；相离，频率就会降低，这就叫多普勒现象。多普勒海流计就是用这种原理制造的。它有4个换能器，发射的波束向下成十字形，声脉冲打到海水上有散射回波，回波的频率和海水流速有关，测量出各点回波频率的变化，就可以知道各个深度的海水流速了，有了4个换能器就可以知道海流的方向。一次脉冲，可以测出几十个深度的流速。船可以不断航行，不断测量流速，非常方便。当然，测出的流速是相对于船的速度而言的。用

卫星定位系统不断精确地测定船的方位，就可以把测出的流速换算成相对于海底的流速了。(图77)

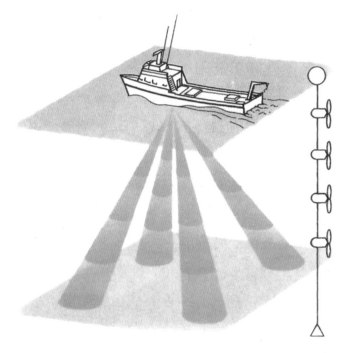

■ 图77　多普勒流速剖面仪

（四）给海洋做透视

一个海域内海流、水温的变化对周围气象和海域内生态环境的影响很大。如果用一艘考察船，就只能得到一个点的长时间数据，或一条航线上不同时间的数据。卫星上的传感器只能得到海表面的数据，得不到深层的数据。随着声学的发展，人们提出了海洋声学层析技术，即在海域周边安放若干套声收发装置，每个装置发出的声波都穿过海域，为其他装置所接收。声波在装置之间往返传播时间的平均值和差值分别反映声线经过的海域的平均温度和海水流速。把所有数据送入计算机，经过逆运算，就可以得出这一瞬间海域各点的温度场和流速场的"照片"。不断地测量，就可以得出温度场和流速场随时间变化的图像。（图 78）这种方法得出的结果是用其他方法得不到的，这种方法和 X 光、CT 或核磁共振类似。

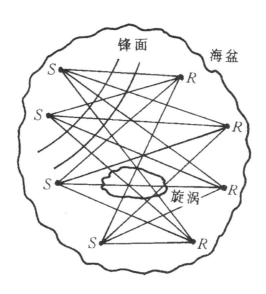

■ 图 78　海洋声层析技术
　 S 为发射换能器，R 为接收换能器

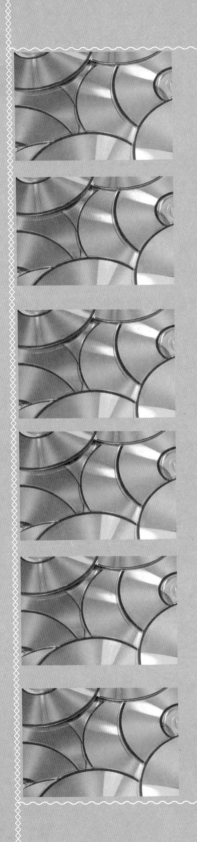

十六、看透地层

（一）海底石油开发的先锋——怎样探测海底石油

地层又硬又不透明，人是看不穿的，虽然封神演义里的某些神仙可以看穿地下，但这毕竟是神话。要在大海中找出什么地方有石油，就要靠声波了。因为在海中钻一个孔很贵，花费时间也多，如果没有油，就全浪费了。只有用声学方法做大面积的探测，在发现可能有油的地方再打钻进行查探就准确多了。用一艘调查船，后面拖一条长长的电缆，里面装有许多声接收器。船以恒定速度行驶，每隔一定时间就用电火花或气枪发出脉冲。声信号传入地下，海底的结构总是分层的，声波在各层交界的地方反射回来，由长长的接收电缆接收信号，加上复杂的处理技术，勘探人员就可以知道各层的结构。石油是由数百万年前的史前海洋生物的遗骸形成的，这些生物死后躯体下沉，被埋在泥沙层下，泥沙逐渐变成岩石层。岩石层的压力和细菌的作用使生物遗骸变成石油和天然气，石油会穿过疏松岩石层向上流动，一直流到致密岩石层才被阻挡住。当用声波探测出有一个"构造"也就是有一块凸出的地层时，就认为可能有油了。然后可以进一步探明，确定是否真的有油，油的储量有多少，是否适合于开采。办法是打几口

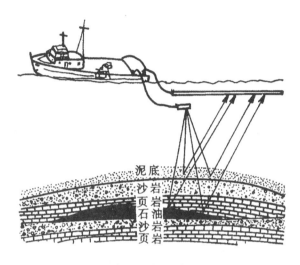

泥底
沙岩
页石沙
岩油岩

■ 图79　用海底反射地震仪勘探海底石油

探井，取样分析，或者用声、电放射性的方法观察井壁的岩石，看哪个岩层含油，哪个岩层不含油，含油多少，经济上有没有开采价值，最后决定是否开采。（图79）

（二）怎样保证海上建筑物的施工

要想在海岸或海中施工，如修码头、海堤、平台等，一定要知道海底十几米以内地层的情况。如果海底有个断层，修筑码头或海堤在这里就容易断裂。浅海的海底，有的表层很硬，而下面却很软，从事海洋工程的人把这种地质情况叫鸡蛋壳。如果在这种地层上修采油平台，那就会陷下去。因此，在施工之前一定要弄清地质情况，首先是

133

表面十几米到几十米的情况。通常的办法和在陆地上一样，是打钻，采样，在实验室进行力学实验，看承载能力够不够。但在海上钻孔比在陆地上要困难得多。钻孔如不够密，漏掉了断层地带，就会出大乱子。因此一般除钻几个孔之外，还要用浅地层剖面仪，也就是利用声波探测浅底地层的剖面结构的仪器。将该仪器拖在船后，用一个声源不断向海底发出低频率的声波。声波传入海底，在不同的地层上反射回来，在记录仪上记下各层反射的情况。这样得出的是船走过的海域的地层剖面。为了得到比较高的分辨力，而又不受地层太大的吸收衰减的影响，使用的频率是在几百赫到几千赫之间，而不是在探测深地层时用的十几赫。这样得出的十几米内的地貌情况就很清楚。(图 80)

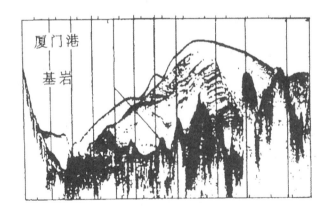

■ 图 80 浅地层剖面图

134

（三）地下考古的助手

古人的坟墓埋在地下，经过漫长的岁月已经没了标志。有的城市被河流泛滥冲来的泥沙掩埋，也看不出痕迹。这时考古就有困难了，总不能到处乱挖吧！这时候声波又可以来帮忙了。将一个大的换能器（振动柱）放在地面，向地下发出低频率的振动，产生的低频脉冲声波向下传播，遇到石头、墙壁、坟墓等和普通土壤不同的地方，声波就会反射回来，在接收车的荧光屏上显示出来（通常这套设备装在汽车上）。把换能器放在地面向下探测，如果发现有和普通土壤不同之处，就移动换能器，在附近地区进行详细的观察。地下如有坟墓、城墙或其他遗迹，在荧光屏和记录器上可以得出它们的平面图。有经验的考古专家一下子就能判断出是否为历史遗迹，有没有开挖的价值。这

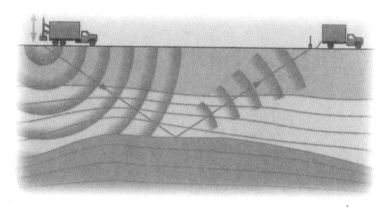

■ 图81　声波地下考古

135

就使地下考古学家长了一双能看透地层的眼睛，工作起来
方便多了。（图81）

（四）探测地球的内部结构

　　说起地震，大家都觉得很可怕。一次大的地震，地动
山摇，房屋倒塌，人畜伤亡，有时几分钟之内就能毁灭一
座城市。地震波也是弹性波，从本质上来讲和超声探伤时
在钢块中传播的超声波是一回事，只不过地震波的频率特
别低，振幅特别大而已。地壳由一些巨大的岩石板块组成，
这些板块总在缓慢移动，有时板块边缘互相挤压不能移动，
一旦突然滑动，就会使大地猛烈震动。弹性波由震中传出，
受地核阻挡，有相当大的的范围地震波传不到。（图82）在
地下核爆炸实验时，弹性波在液态外核和固态内核的边界
上反射，准确测量反射波到达的时间，就可以知道内核和
外核的尺寸。因此地震波成了测量地球内部结构的工具。
（图83）

　　在地球上，微小的地震无时无刻不在发生。在地下或
者海底放置许多地震仪，记录从不同地方传来的地震波，
地震波通过不同性质的地层传播的速度也不一样，根据这
些记录加以分析，就可以得出地层的三维图像，叫作三维
地震层析成像。

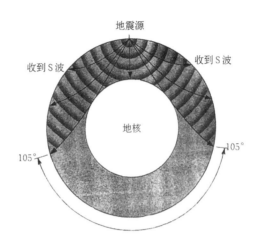

■ 图 82　地震波传播

内华达（Nevada) 核试验　地震仪阵 (蒙大拿 Montana)

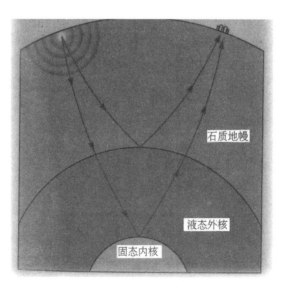

■ 图 83　用核爆炸的地震波测量地核尺寸

也许有人要问，地震能不能预报呢？地震发生之前总有许多现象出现，但根据这些现象还不能准确预测地震。有人设想，在竹子、木材、岩石破裂之前，总会发出许多声音，用类似声反射的办法，也许能预报地震。然而这些还有待研究。

十七、观察入微的超声

（一）居里兄弟发现发声的宝石

1880 年，法国有一对姓居里的年轻兄弟，他们对宝石的电现象很感兴趣。经过许多实验和分析，他们产生了一种想法，宝石带电现象是否和它的形变有关？为了检验这一想法是否正确，他们取了一块宝石，使电线和检流计相接，再把一块大砝码压在宝石上，最后发现检流计动了起来。这个实验证明，某些物体因受到压力可以产生电，他们就把这个现象称为压电现象。（图 84）一年后，理论物理学家李普曼从理论上预言，如果一种物体受压力变形

压电晶体

■ 图 84　发现宝石受压生电

而产生电，那么反过来，给它加上电时它就会变形。同年，居里兄弟用实验证实了这个预言。他们对压电效应进行深入研究后，发现如果把压力换为张力，检流计会向相反方向偏转。在加电时如果正负极颠倒过来，物体就会由伸长变成缩短。当给石英晶体输交变电流时，石英就会按交变电流的节奏一伸一缩地振动起来，也就发出了声音。如果交变电流的频率是超声频率，石英发出的就是超声。人们有了能发出超声的办法，这要感谢居里兄弟。

石英是怎么压出电来的呢？石英的分子式是SiO_2，是由带正电的硅原子和带负电的氧原子按一定的规律排列的，在不受力时正好使其电性中和。当石英受力变形时，原子间的相对位置就发生变化，电性中和也就被破坏了，于是在某个方向上带正电，另一个方向带负电。（图85）

经过100年的研究，人们发现，世界上大约有2/3的宝石有压电现象。现在人们又研制出酒石酸钾钠晶体、人

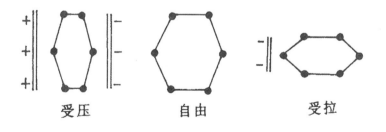

受压　　　　自由　　　　受拉

■ 图85　压电效应的机理

141

工控制的石英晶体、铌酸锂单晶等人造晶体和钛酸钡、锆钛酸铅等压电陶瓷。后来发现甚至有些有机物如 PVF_2 等也有压电效应，这就大大地扩展了压电材料的家族队伍。人们也发现，用镍、钴等金属加上线圈，通上交变电流也能产生超声，这种材料叫磁致伸缩材料。

最后附带提一下，弟弟居里的妻子就是赫赫有名的两次诺贝尔奖获得者——居里夫人。

（二）家喻户晓的 B 超

医生看病的时候，经常会要求病人做一次 B 超检查。做 B 超检查实际上是将一束超声从体外射向体内，当超声在体内遇到有分界面和不均匀的地方就会反射回来。如果使发射声束的方向不断改变，把收到的反射信号在荧光屏上按不同方向和不同时间显示出来，反射的强弱则以亮度表示，就得出一个扇形图像，这图像就是内脏的"声"像。有经验的大夫可以从图像中看出内脏是否正常，如肝脏是否肿大，胆囊有没有结石，甚至胎儿在孕妇腹内是否正常发育（图 86），等等。另外，B 超检查设备比较简单，而且不像 X 光那样要求考虑人身的安全防护问题，所以比 X 光有一定的优越性。通常 B 超检查与 X 光检查是互补的两种检查方法。

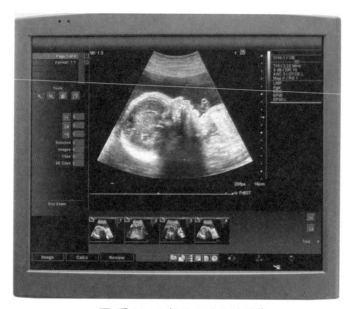

■ 图86 B超显示胎儿的图像

（三）非破坏性检测

一个酒桶里有多少酒，只要敲一敲酒桶，听听声音的高低就可以知道了。1761年，一位医生受他父亲敲酒桶判断酒满不满的启发，发明了有名的胸腔叩诊法。这实际上是用声学做非破坏性检测的开始。

工厂生产出一根钢轨或一个铸件，内部有没有裂纹、气泡、夹杂等缺陷，是不容易知道的。把它们一层层切开，当然就清楚了，但这个部件也就不能用了。这种方法只能用于抽样检查。人们总想不破坏部件就能查出部件有没有毛病，超声探伤就是一种比较方便可靠的方法。超声探伤为仪器向部件内部发出一个超声脉冲，如果部件内有个裂纹或沙眼，超声就反射回来，在探伤仪的荧光屏上显示后，可以根据信号反射回来的时间和强弱，判断出伤的位置和大小。（图87）后来人们还想知道伤的形状

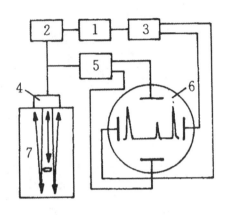

■ 图87　超声探伤仪
1. 定时器　2. 脉冲发生器
3. 扫描发生器　4. 探头
5. 接收电路　6. 示波管
7. 被测部件

和性质，以便判断这个部件还能不能用。为了这个，人们又发现了多种成像的方法，可以看清伤的形状。上面说的B超，实际上也就是一种成像方法。

　　为了观察物体的细微结构，科学家使用频率极高、波长极短（0.5微米）的超声，用最好的声透镜聚焦，把超声聚在一个小点上，这个点的超声穿透试样，在试样下接收。这个"声点"用机械运动扫描过整个试样，这就是超声显微镜。它的分辨能力可达0.4微米，和光学显微镜差不多。超声显微镜显示的是所观察的样品的声速和密度的

差别，而不是样品光学特性的差别，因此可以补充光学显微镜的不足，在观察某些物体时比用光学显微镜看得更清楚。

用快速断续的聚焦光点在物体上扫描，使物体周期性地加热，不断膨胀收缩，发出声波，接收这些声波，也可以显示物体的细微结构，这叫作光声显微镜，它也有很高的分辨能力。

上面说的超声检测方法都要发射一个声波。还有一种探伤方法，是不用发射声波的，叫作声发射方法。我们在日常生活中都有这样的经验，折弯一根竹竿，当竹竿快要断时，就会发出噼啪的声音。金属、岩石、木材等材料受力发生塑性变形时，也会发出声音，不过这声音有的听得见，有的听不见，需要用仪器检测。根据测到的声发射的次数、能量和频谱，可以判断材料的状态。声发射检测可以用来评价压力容器的安全性、飞行监视、转动机械的监视、原子反应堆运行的监视等。

（四）超声用来测量

利用超声的速度、衰减和阻抗可以对固体、液体、气体进行各种测量。

比如说测量超声在混凝土中的声速，可以得知混凝土的强度。测量超声在岩石中的声速，可以知道岩石的风化程度，风化愈厉害，声速就愈低。测量声速还可以测定构件的残余应力。金属中晶体颗粒的大小影响到对超声的散射，通过声传播衰减的测量，可以测出声在金属中的衰减，也就能知道金属材料中晶体颗粒的大小。通过声阻抗的测量，可以知道固体表面的硬度。

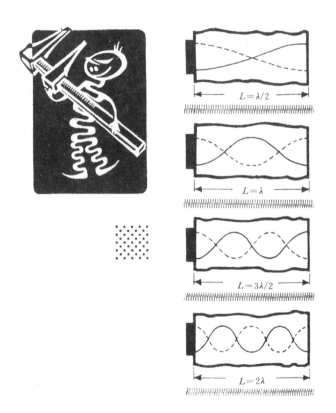

■ 图88 超声测厚

在液体中，通过声阻抗的测量，可以测得液体的黏度；通过声速的测量可以测得氯丁橡胶、石油馏分的密度，蔗糖、硫酸、硝酸等溶液的浓度；通过测量声衰减可以测得矿浆的浓度。

已经知道介质的声速，可以用共振法、脉冲回波法测量其厚度。目前这些方法广泛用来测量管道、容器的腐蚀厚度。（图 88）

超声顺流的速度等于声速加流速，逆流的速度等于声速减流速。利用这个原理，测量同一距离超声顺流和逆流的时间差就可以测出流速和流量。（图 89）用多普勒效应也可以测出流速，这点我们在以前讲过了。

几千度到几万度的高温很不好测，用声速和温度的关系可以进行快速、不接触的温度测量，在钢水炉、快速反应堆中用起来很方便。

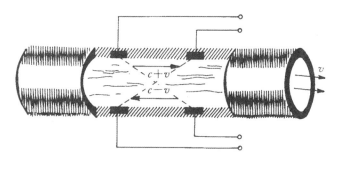

■ 图 89　超声测流速

147

（五）声表面波和现代电子技术

从前面的介绍中可以看到，都是电子技术帮声学的忙，现在要说一下声学技术帮电子技术的忙。这就是声表面波器件。

人们很早就发现，在固体和气体交界面上有一种波，这种波的能量绝大部分集中在固体表面附近的一个薄层中，靠向固体内部，能量就会迅速减小。这种波沿着固体表面传播，叫作表面波。

声表面波器件发明于多年前，是在一块极小的压电晶体片上装上一些形状如叉指的电极，一个极通正电，一个极通负电，加上高频的交变电流以后，就可以在晶体表面激发表面波，表面波沿晶体传播，在另一端的叉指电极上就可以收到信号。这个信号比送进去的信号延迟的那段时间，也就是声表面波在晶体中传播的时间。这种器件在电子学中叫延迟线。因为电磁波传播速度比声波传播速度快近一百万倍，要延长同样的时间，电磁波延迟线就要很长很长，而声表面波延迟线只要小小一片就行了。所以，声表面波延迟线与电磁波延迟线相比，具有体积小、质量轻、延迟温度变化小等特点。（图90）

声表面波器件不但可以做延迟线，还可以做滤波器、振荡器、卷积器等。这些元件体积小，又容易大批量制造，成本低，在电视、通信、广播、雷达、电子对抗中用量很大。电视机里也有利用声表面波器件做的电视图像中频滤波器，你知道吗？

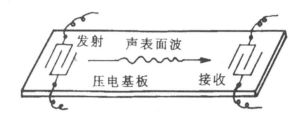

■ 图90 利用叉指电极激发和接收声表面波

149

十八、声改变物质

（一）神奇的空化气泡

1917年，郎之万用大功率的超声发生器和他发明的郎之万振子在水槽里做实验时，发现水中出现大量气泡，而且当手靠近振子时，手会感觉到灼痛。后来才知道，这些气泡叫空化气泡，它们的作用极大。说来也怪，它们是液体在强超声作用下被撕破产生的。古诗说"抽刀断水水更流"，刀都切不断，超声怎能撕破呢？原来，强超声在液体中产生很高的负压，这一点受的拉力很大，当这拉力超过液体的强度时，液体就被"撕破"，出现气泡。气泡迅速膨胀，把周围的水推开。由于弹性作用，周围的液体又向气泡挤来，把气泡压破，这时气泡周围产生很大的压力、很高的温度，并且发光，产生很强的冲流和激波，这就会对液体产生很强的作用。在超声乳化、清洗、加工以及加强化学反应等应用中，超声空化起着主要的作用。

在超声作用下，介质产生辐射压力，还会向一个方向流动，这叫作声冲流，在超声加工处理中也起着重要作用。

美国科学家伍德在参观了郎之万的实验后回到美国。1927年，他和卢米斯特将当时功率最大的真空管振荡器和郎之万振子放在油里，在油表面盖上8厘米厚的玻璃板，板上再加上 150 千克的重物，然后开动超声振动器，结果超声的能量使玻璃板和重物都悬浮起来。这说明声波的力量很大。在太空进行冶炼实验时，就用声波的力量把被冶炼的金属悬浮起来，使它不沾染容器，不受容器的污染。

（二）多才多艺的超声

超声在加工业、农业、医学、化学工业和科研中都有奇妙的作用和广泛的应用，并且这种发展方兴未艾。

超声可以对复杂的零件进行清洗，在清洗中超声产生的空化气泡的爆炸和超声流能把物体

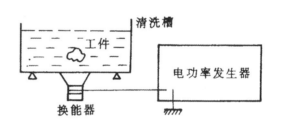

图 91　超声清洗机

表面的污垢膜击破、冲走，并使污垢悬浮在洗液中。（图 91、图 92）

超声可以乳化。把两种不交融的液体如水和油放在一起，加上超声，通过空化和声流，把液体撕碎成微小粒子并搅拌在一起，成为乳液。这在制造乳酪、水煤浆和掺水油时有很大的应用。在一定的情况下，制造水煤浆和掺水油时应用超声可以节省燃料和减少污染。超声对两种熔融

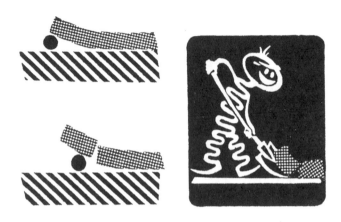

■ 图 92　超声清洗机理

状金属的作用，还可以使合金结构更加均匀。

　　家用的超声加湿器是使强超声在水面产生大的辐射压力并把水"打碎"，喷射出去，成为水雾。把超声加在熔化的金属上，超声振动使金属雾化，这些雾滴状的金属微粒在空气中凝固后下落，收集起来即成为要制备的金属粉末。

　　超声可以加快化学反应，比如加快原油裂解速度、加强有机金属反应、改进电镀镀层的质量、促进高聚物的共聚等。这方面的研究发展很快，已经形成了一门学科——声化学。

　　在加工方面超声也是多面手。

　　铝表面有个坚固的氧化膜，因此很难焊接，但是在焊接时加上超声剥离掉氧化层就好焊了。如果是塑料，在两块塑料间加上一定压力，再加上超声，塑料就会被牢固地焊在一起。(图93)

在厚的玻璃或宝石上打个又细又深的孔，可不是一件容易的事。按照要打孔的形状，制造一个超声工具头，加上磨蚀液，再加上超声，很快就能打出所需形状的深孔。材料愈硬愈脆，就愈好办。(图94)

车、刨、铣、磨和拉丝、拉管等都可以用加超声的办法提高工效。

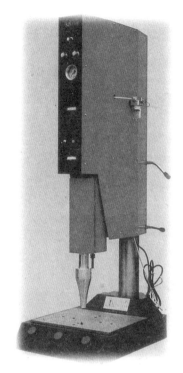

■ 图93 超声波塑料焊接机（1500 W）

超声马达是20世纪70年代以来发展起来的，它是利用超声换能器把电能转化为某种模式的机械振动，再利用定子（振动着的弹性体）与转子（或滑块）表面间的摩擦力使转子转动或滑块移动，从而把电能转化为机械能。它转速低、力矩大、定位精度高、功率密度大。它在机器人、计算机、仪器仪表和生物医学工程中也有广阔的应用。

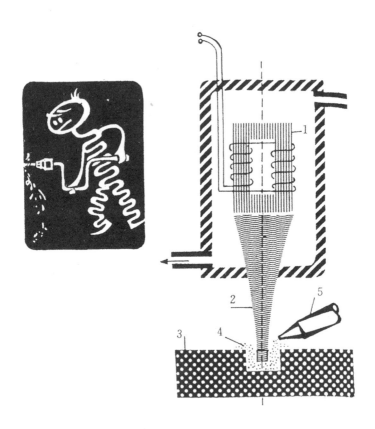

■ 图 94　超声硬脆材料钻孔

1.磁致伸缩控能器　2.超声　3.硬脆材料　4.磨料　5.磨料注入

（三）超声医疗

强大的超声还可以用来治病、动手术或者理疗。

超声波透过人体表皮向体内辐射，还可以聚焦，使能

156

量集中到某个部位，使那个部位发热，产生机械刺激。用这种理疗方法，可以治疗关节痛、神经痛（如坐骨神经痛、三叉神经痛、面神经炎）等。向脑部相应区域辐射超声，可以使血流障碍减轻，使脑血栓造成的偏瘫好转。对骨折之类的损伤，也可加快骨伤愈合速度。超声治癌是一个前沿课题，尚未应用于临床，还在研究中。

超声还可以粉碎肾结石、胆结石等。人的肾中或胆囊中往往会有结石，有的还相当大。传统的方法就是开刀，把肾或胆剖开，把其中的结石取出。这不但很痛苦，而且结石取出之后往往还会再长，又要再次开刀。后来发现的用冲击波体外碎石的方法，解决了这个困难。所谓冲击波就是幅度非常大的声波，在水中放一对电极，加上 1 万～2 万伏的电压放电，产生强冲击波。将电极放在椭圆形反射罩的一个焦点上，人体置于水中，利用 X 光或超声探测结石的位置，并调整人体位置，使结石正好在椭圆形的另一个焦点上，放电时冲击波能量就集中在结石上，一般打500 次～1500 次就可以击碎。之后发展到用大功率超声换能器产生冲击波，控制更方便，更安全。（图 95）用超声手术刀可以切割人的肌体，包括骨的切割，比用电刀效果更好；用超声还可以治疗白内障；把白浊物粉碎，也可以除去齿垢、牙结石等。

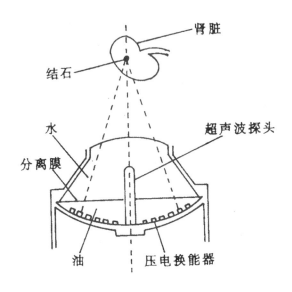

图 95　冲击波体外碎石

超声波马达可以构成人工心脏。实验中使用的超声波马达，每分钟转 100 转，力矩为 3.8 千克力·厘米，输出功率为 4 瓦，直径为 8 厘米，长 10 厘米，重 800 克，在一只 18 千克重的狗身上安装人工心脏，可看出初步效果。世界上进行了几例完全人工心脏临床应用，但人工心脏目前仍处于以动物试验为主的研究阶段。

（一）动物听得见声音吗

动物能听见声音吗？这问题好像比较简单。打猎的人都知道，要打到鸟和野兽，一定要静悄悄地，不然会一无所获。有人在钓鱼，如果你在旁边大声讲话，他一定会怒目而视，怕你把鱼吓跑了。

但是，这些动物是靠什么听声音的？能听到什么频率范围的声音？能听到多响的声音？这就不是大家都知道的了。动物学家和声学家合作，研究了很久，现在总算弄清了不少问题。

哺乳动物和人差不多，有些是通过耳道传入（即空气传导）听见声音的。有些长期在地下活动的哺乳动物，如鼹鼠之类，可以靠骨头传导听见声音。海中的哺乳动物，如鲸、海豚等没有长耳朵，是直接通过肌肉和骨传导进入内耳听到声音的。两栖动物和爬行动物的鼓膜几乎和头部外皮是平的，声音通过鼓膜进入中耳、内耳。鱼的头部有耳，许多种鱼的耳与鳔连接，声音使鳔振动，再通过小骨或肌肉进入内耳，进入绒毛；鱼身边的侧线也能感觉到极低频的声音和流体的压力变化。鸟类的外耳声道很短，再进去就是鼓膜。鸟虽然没有耳朵，但有些鸟头上的一些羽毛可以使声音聚焦，使它们听得好一些。

　　昆虫是怎么听声音的呢？昆虫的 6 条腿上长有接收振动的器官，即使微小的振动也能感觉到。至于空气传来的声音，昆虫则是通过对振速、压力和压差的感受"听"到的。昆虫的外皮上有许多毛发状的感应管，能感受声音引起的空气振动。蟋蟀的尾毛还可以用来测量自己翅膀的运动。昆虫也有鼓膜，它是外皮的一小部分，里面是空气室，鼓膜感受压力后传给毛发状的器官。如果这空气室是封闭的，测出的就是压力；如果是开放的，测出的就是压差。和声波波长比较，昆虫本身很小，它们又要靠声音来定位（比如说求偶），因此形成了一套相当精致的定位系统。

　　动物能听到什么频率范围的声音呢？哺乳动物中，人和象能听到的声音频率最低，可以由 20 赫到 20 千赫，而其他的哺乳动物，包括狗和猫都能听到超声。蝙蝠和海豚可以听到 100 千赫以上的声音。鱼类、两栖动物、爬行动物和鸟类最好的听觉范围在 100 赫～5 千赫之间。而猫头鹰在 2 千赫～9 千赫范围内听力最好。

　　鱼类和两栖动物可以根据声音测定声源的方位，其精度达 10°～20°，爬行动物和鸟类可定向到 2°～20°，不同的哺乳动物可根据声音定向准确到 1°～20°，人类和海豚的声定向本领最高，可达 1°以内。

（二）动物是怎样发声的

通常我们总说什么东西叫，其实"叫"是口字边，用口才能说是"叫"。而许多动物，特别是昆虫，不是用口发声的。它们发出的声不应该是"叫"。

动物有多个通信通道，一种是化学的，比如留下一些气味；一种是视觉的，比如蜜蜂跳的舞；一种是靠声音，不论黑夜白天，不论远近距离，都可以通信。动物发声也有许多讲究，比如有些鸟儿的求救呼号总是声音大而短促，频带宽，在相当距离内，容易定位；老鹰则不一样，它们发的警告信号总是频带窄且时间较长，这使得它们不容易定位。

非脊椎动物发声的方法各种各样。有的靠空气运动，如蟑螂发出嘶嘶声。昆虫最常见的是靠摩擦发声，摩擦有一定硬度的翅膀的边缘或凸出的齿状物，通过翅的谐振发声。蝉是靠腹部的一块膜上下振动发声的。有的昆虫是靠硬壳敲击发声的。（图96）

昆虫发声有各种目的，如求偶、求爱、战斗和战胜示威等等。这些，养过蟋蟀的人大概都很熟悉。此外，还有反天敌捕捉发出的声音，如惊吓声、模仿声、反探测声等。比如蛙类叫得最响，夏天池塘里蛙声震天，也形成一种特

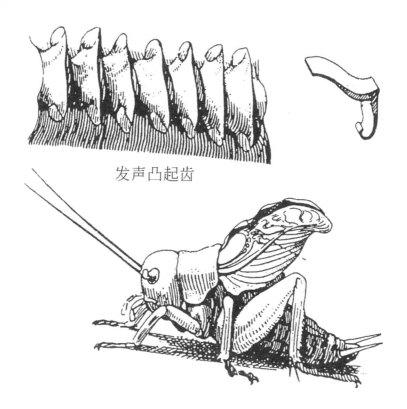

发声凸起齿

■ 图 96 蟋蟀的发声器官

殊的夏日景象。蛙叫的时候，空气由肺部经过声门进入口腔和颊囊，不用张口，靠颊囊的振动就可以把声音辐射出去。

鸟类叫得最好听。鸟类发声是靠鸣管。鸟类的鸣声和它们所在的环境有关系。在树深林密处的鸟和在开阔地域活动的鸟的叫法不同。鸟有两套相同的发声器官，可以分

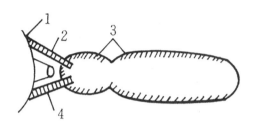

图 97　鱼鳔发声
1.头盖骨　2.第一个脊椎骨
3.鳔　4.肌肉

别控制，因此鸟类叫起来特别婉转。带有神话色彩的小说《镜花缘》里说，歧舌国的人舌头分两片，分别运动，小说中的主人翁之一林之详就想买几只双头鸟儿，叫得特别好听。这可能也是有感而发的吧！

　　鱼类发声主要靠鳔。鳔旁边有一排鼓肌，鼓肌敲一次鳔，鳔就按自己的共振频率振动，发出频率比较单纯的声音。（图 97）鼓虾是海底的奏乐能手，它们是靠螯的开合发声的。（图 98）

图 98　虾发声

（三）蝙蝠怎样捉虫子

蝙蝠不是鸟，是兽类，但是它有一双好翅膀，能在漆黑的夜晚自由地飞翔，在丛林中飞行不会撞到树，在山洞里飞行也不会撞到岩石，还能捉到虫子。很多年前，意大利有个科学家猜想，蝙蝠在黑暗中飞行、捉虫子是因为眼力特别好，于是就把蝙蝠的眼睛蒙住，在房间里挂了许多绳子，绳子上系有铃铛，结果蝙蝠还能自由飞翔，碰不到绳子。最后，他把蝙蝠的耳朵塞住，让它飞，房子里的小铃铛就响起来了。这说明它是靠听觉飞行的，但绳子又不会发声，它听到的是什么呢？这个问题过了很久才弄清楚。原来蝙蝠在飞行中会发出人耳听不到的超声脉冲，这种超

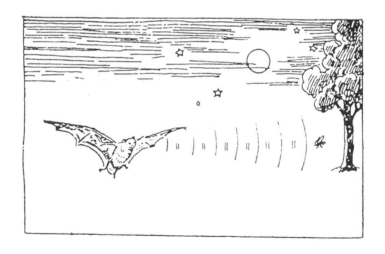

■ 图 99　飞行的能手——蝙蝠

声遇到障碍物就反射回来，蝙蝠的耳朵听到反射声时就会判断声音是由障碍物反射回来的还是从虫子身上反射回来的，如果是障碍物就避开，如果是虫子就追上去捕住。(图99) 经过测量，人们知道不同种类的蝙蝠发出的声音频率不完全一样，大体在 70 千赫，人耳是听不见的。蝙蝠捉虫能力很强，10 万只蝙蝠一个晚上就能捕食重达一吨的虫子。还有一种蝙蝠能捕鱼。实际上声波从空气中进入水中是很困难的，所以这些蝙蝠是靠声波在鱼靠近水面时产生的波纹上的反射探到鱼类的。(图 100)

很有意思的是蝙蝠和某些虫子之间还有捕捉和反捕捉的斗争。有的蛾子听见蝙蝠的叫声就会采取急降下或急回旋等逃脱方式，或者藏起来，或者飞到瀑布附近，希望瀑布发出的声音能掩盖蝙蝠探测的回声。

图 100　蝙蝠捕鱼

（四）海豚是怎样捕鱼的

不少人都看过海洋公园里的海豚表演，欣赏它们的聪明、矫健、活跃。有的人也许知道，海豚还有个灵巧的声呐。海豚除发出人耳能听见的叫声外，还能发出频率很高（100千赫以上）的短促脉冲，在离障碍物或鱼很远的时候，脉冲间隔很长，距离愈近，脉冲间隔愈短，这和现代声呐的工作方式是一样的。海豚收到回声之后就可以避开障碍物，捕捉食物。经过实验发现，海豚用声呐能发现几米外直径为 0.2 毫米的金属丝，长度为 10 厘米～ 20 厘米的小鱼，而且能分辨出是真的鱼还是假的塑料鱼。在这一点上人类设计的声呐还做不到。研究海豚的专家认为，海豚回声定位的尖叫声是由鼻腔中的一系列气囊发出的。海豚前

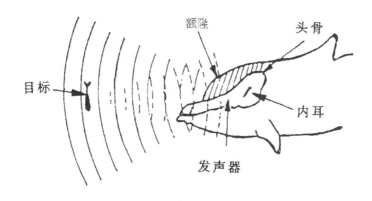

目标

额隆

头骨

内耳

发声器

■ 图 101　海豚回声定位

167

额上有个凸起的脂肪组织叫额隆，实际上是个声透镜，能加强定向的精度。（图101）有的科学家研究，海豚还能听懂不少人类语言，也会说一些词，这是怎么回事还在研究中。我国长江中下游有一种稀世奇珍，叫作白鳍豚，只有我国才有，现在数量可能不到一百头了。它也会用声呐捕捉鱼类。其他的淡水豚类也都具有这种本领。大型鲸类的叫声也很复杂，它们发声的频率很低，约20赫，但能"唱"出很复杂的歌，这歌有没有意义呢？科学家们也在研究。